_____님께

_____드림

아이들이 딴짓하는 데는 이유가 있다

과잉행동 어떻게 할까

아이들이 딴짓하는 데는 이유가 있다

과잉행동 어떻게 할까

김종석 (아동학 박사) 지음

개미와베짱이

│ 책을 펴내며 │

아이의 문제행동,
부모의 마음치료가 답이다

뚝딱이 아빠로 산 지 어언 25년이 넘는 세월이 흘렀습니다. 방송인이자 EBS 〈딩동댕 유치원〉을 늘 한결같이 지키는 뚝딱이 아빠로서, 그리고 아이들을 더욱 잘 이해하고 교육에 이바지하기 위해 공부를 게을리 하지 않은 아동학박사로서 어린이들과 함께 한 4반세기. 한 생명이 태어나 성장하고 어엿한 어른이 되었을 결코 짧지 않은 세월일 것입니다.

뚝딱이 아빠로 살아오는 동안 아이가 어른이 되고, 시대가 바뀌고, 교육환경과 제도가 바뀌고, 부모들이 달라지는 것을 아이들과 가장 가까운 곳에서 지켜보았습니다. 뚝딱이 아빠를 향해 환호하는 아이들의 해맑은 표정과 신나는 목소리는 예나 지금이나 다르지 않습니다.

하지만 이 천진난만한 아이들이 감당해야 할 환경이 더 이상 예전과 같지는 않아 가슴이 아픕니다.

왜 이 책을 쓰게 되었는가?

그동안 EBS 〈딩동댕 유치원〉과 〈모여라 딩동댕〉을 25년간 진행하면서, 그리고 SBS 〈우리 아이가 달라졌어요〉에 7년간 출연하면서, 산만함, 발달장애, 정신장애, 문제행동 등으로 힘들어하는 아이들이 예전에 비해 폭발적으로 늘어나고 있다는 것을 체감하지 않을 수 없었습니다. 그리고 그렇게 아파하는 자녀 때문에 고통스러워하는 엄마, 아빠들의 모습을 제 일처럼 느끼지 않을 수 없었습니다.

아이들을 가장 가까이에서 지켜봐온 대한민국의 '아빠'로서 고민에 고민을 거듭했습니다.

'왜 물질적 환경은 예전보다 풍요로워졌는데 아이들의 마음은 빈곤해지고 있을까?'

'아이들의 다양한 문제행동을 어떻게 하면 변화시키고 치료해줄 수 있을까?'

이러한 고민은 공부에 대한 목마름으로 이어졌습니다. 그래서 뒤늦게나마 성균관대학교 대학원에 들어가 아동학 박사과정을 공부하게 되었습니다. 또한 방송활동에만 머물지 않고 오랜 세월동안 쌓인 교육철학을 현장에서 실현하고자 북한산 둘레길 입구 공기 좋고 물 맑은 산자락 아래 '숲 유치원'을 세워 더 많은 아이들과 함께 지내고 있습니다.

'뚝딱이 아빠' 라는 아이들의 캐릭터에서 아동학박사이자 유치원 운영자로 거듭나면서 그동안 쌓인 지식들을 이제는 부모님들과 함께 나눠야겠다고 생각하게 되었습니다.

무엇이 우리 아이들을 병들게 하고 있을까요?

마음이 병든 아이들을 치료해주고 행복하게 자랄 수 있도록 도와주기 위해서는 어떻게 해야 할까요?

아이를 키우는 부모님들이 가장 많이 궁금해 하는 질문들과 해답을 하나씩 정리해보았습니다. 그리고 유아교육을 온몸으로 실천한 25년의 노하우와, 9년간의 공부 끝에 아동학 박사학위를 받고 서정대학교 유아교육과 교수로 있으면서 쌓아온 전문지식들을 담아보고자 마침내 펜을 들게 되었습니다.

아이의 문제행동, 부모가 치료해야 한다

지금 우리 아이들은 어떤 환경에서 자라고 있을까요?

지나친 사교육 환경에서 어른 못지않은 스트레스를 감당해야 하고, 너무 어릴 때부터 스마트기기와 컴퓨터게임에 중독되면서 정상적인 두뇌 성장에 방해를 받고 있습니다. 패스트푸드와 가공음식에 중독된 아이들은 올바른 먹거리가 무엇인지 모른 채 몸이 병들어가고, 이러한 환경적 요인으로 인해 산만함과 충동성, 폭력성 같은 마음의 병을 앓고 문제적 행동을 보이는 아이들이 날로 늘어갑니다. 그런가 하면 어린 시절에 즐거운 추억이 되어야 할 학교라는 공간에서 다른 친구에게 왕따를 당하는 피해자가 되거나 괴롭힘의 가해자가 되어 지울 수 없는 상처를 주고받기도 합니다.

'우리 아이 왜 이럴까? 뭐가 문제일까?' 라는 고민을 많은 부모님들이 하고 있습니다. 아이들의 문제를 유치원이나 학교에서, 혹은 전문기관에서만 해결해줄 수 있을 것이라 믿는 경우도 있습니다.

그러나 어린이교육에서 유치원이나 학교의 역할이 3이라면 가정에서 부모가 하는 교육의 역할은 7이라 할 수 있을 정도로 부모의 역할 및 가정의 역할이 절대적으로 중요합니다. 아이들에게서 문제행동이 발생하는 대부분의 이유는 부모에게 있다 해도 과언이 아닙니다. 따라서 아이가 문제행동을 보일 때 부모가 적극적으로 치료에 나서지 않는다면 아이의 마음의 병과 상처는 더욱 깊어질 것입니다.

그렇다면 어떻게 해야 부모가 달라질 수 있을까요? 어떻게 해야 아이들의 아픈 마음을 부모가 직접 치료해줄 수 있을까요?

이 책의 구성은...

이 책에는 '아이들의 과잉행동을 어떻게 할까?' 에 대한 실질적인 해답과 지침을 담았습니다. 요즘 아이들의 문제행동 중 가장 높은 빈도수로 드러나고 부모님들이 가장 많이 고민하는 사례들을 중심으로 구성했습니다.

최근 유아들과 어린이들의 두뇌성장 저하와 그로 인한 산만함, 발달장애 등 무수한 문제를 야기하는 원인으로 제가 가장 주목하고 있는 것은 다름 아닌 스마트폰과 컴퓨터 사용입니다. 올바르게 활용할 경우 매우 큰 교육효과를 가져오는 것이 바로 미디어교육이죠. 하지만 스마트폰과 컴퓨터는 잘못 사용할 경우 아이들에게 치명적인 독이 됩니다.

갓 태어난 아기의 뇌는 250그램이었다가 만 1세가 되면 750그램, 그리고 5세가 되면 1300그램으로 급성장하죠. 이는 평생에 걸친 뇌 성장의 80% 이상이 유아기에 이루어지며, 이 시기의 뇌가 스펀지와도 같이 외부의 모든 것을 흡수한다는 뜻입니다. 이때 스마트기기와 컴퓨터에 잘못된 방식으로 노출된 아이들은 어른들보다도 중독에 쉽게

빠지게 됩니다. 스마트폰과 컴퓨터 게임 중독은 마약이나 알코올, 도
박 중독이나 마찬가지로 일종의 뇌질환입니다. 이로 인해 아이들이
겪고 있는 정신장애 그리고 치료를 위한 해법들을 1장과 2장에 정리
해 보았습니다.

　스마트폰과 컴퓨터가 아이들의 두뇌를 병들게 하고 있다면, 몸을
병들게 하는 직접적인 요인은 음식입니다. 인스턴트음식, 패스트푸
드, 가공음식에 노출된 아이들은 몸의 건강도 문제지만 정신적으로
도 영향을 받습니다. 가공음식을 많이 섭취한 아이들일수록 폭력성
과 충동성이 두드러진다는 수많은 연구결과가 이를 증명합니다. 그
래서 3장에는 어떤 식습관을 갖게 하고 어떤 음식을 먹게 해야 하는
지를 보여주는 문제 사례들을 모았습니다.

　4장에는 해가 갈수록 폭증하고 있는 ADHD, 산만함, 폭력성, 우울
증, 충동성, 애착 장애 등 최근 10년간 아이 키우는 부모님들이 가장
많이 고민하고 있는 아이들의 문제행동 사례들을 수록했습니다. 이
어서 5장에는 사회성을 발달시켜야 할 유치원과 학교에서 벌어지는
부적응 및 왕따 문제들을 정리해 보았습니다.

　이 책에 수록한 사례들은 25년 동안 방송활동을 통해 아이들을 만
나고 부모 상담을 하면서 겪은 실제 사례들 중 가장 대표적인 것들만
을 뽑은 것입니다. 아이들의 이름이나 나이는 어느 정도 각색을 했으

나, 각 사례들은 우리 아이의 이야기일 수도, 이웃집 아이의 이야기일 수도 있습니다.

아이가 특정 문제행동을 보였을 때 부모의 대처방법을 누구나 쉽게 이해할 수 있도록 사례와 해법을 중심으로 써내려갔습니다. 내 아이의 이야기일지도 모르는 아이들의 이야기들을 따라가다 보면 결국 내 아이의 문제행동을 해결하기 위해 부모가 어떻게 해야 하는지에 대한 해결법을 찾을 수 있을 것입니다.

10여 년 전 〈아빠가 놀아주면 아이는 확 달라진다〉라는 책을 세상에 내놓았을 때, 아빠 육아의 중요성에 대한 저의 주장에 귀 기울이는 아빠들은 사실 그리 많지는 않았습니다. 그러나 최근에 아빠와 아이가 함께 여행을 떠나거나 아빠가 아이들의 육아를 맡아 해보는 TV 프로그램들이 인기를 끌면서 아빠 육아에 대해 많은 부모님들이 관심을 갖게 된 것 같아 다행이라는 생각을 합니다.

그런 것처럼 아이를 어떻게 키워야 하고 어떻게 치료해주어야 하는지에 대한 저의 철학은 어쩌면 25년 전이나, 10년 전이나, 지금 이 순간이나 늘 변함이 없었을지도 모릅니다. 놀이가 곧 교육이라는 사고방식, 부모가 먼저 변하여 아이들 눈높이로 다가가야 한다는 교육관, 밝은 햇볕을 많이 쬐게 하고 자연을 접하며 키워야 한다는 철학 말입니다.

하지만 아무리 제가 많이 알고 있고 현장 경험이 풍부하다 한들 그 동안 쌓인 노하우를 많은 분들에게 나눠드리지 않는다면 그저 제 안에서 썩어가는 죽은 지식이 될지도 모른다는 생각을 했습니다.

지식이란 주전자에 담긴 물과도 같습니다. 주전자에 물을 가득 담아 오래 그냥 두면 물이 썩습니다. 썩지 않게 하려면 주전자의 물을 컵에 따라줘야 합니다. 아는 것도 마찬가지입니다. 이 책을 보실 부모님들을 위하여, 부족하나마 제가 가진 것들을 한 잔 한 잔 정성껏 따라드리겠습니다.

부디 이 땅의 모든 아이들이 따뜻한 사랑 속에 아픈 곳을 치료받고 몸도 마음도 건강한 어른으로 자라났으면 하는 바램입니다.

아동학박사 김 종 석

|차 례|

2장 자나깨나 오직 컴퓨터 게임만 해요?

3장 살찌는 것이 너무 두려워요

4장 다양한 행동장애로 견딜 수 없어요

5장 등교 거부, 이렇게 해요

1장

아이가
스마트폰에
빠져있어요

최근 수 년 동안 전 세계인의 일상의 삶을 뒤바꿔놓은 스마트폰. 통화기능뿐 아니라 손 안에서 언제 어디서나 세상을 읽고 사람과 소통하며 원하는 모든 것을 얻게 해주는 이 작은 발명품은 어른들의 생활뿐만 아니라 아이들의 생활과 교육방식마저 빠르게 변화시켰다. 영유아 때부터 고사리 손으로 너무나 손쉽게 스마트폰을 다루는 아이들의 모습이 신기한 것도 잠시, 이로 인해 아이들의 두뇌와 인성 발달에 부작용을 초래하고 있음이 밝혀지고 있다. 아이들의 스마트폰 사용을 스마트하게 교육하고 문제점을 치료해주려면 어떻게 해야 할까?

스마트폰을 빼앗으면
울음을 터뜨려요

5살짜리 외동아들인 민준이가 어른들의 휴대폰에 관심을 보이기 시작한 것은 두 돌 지났을 무렵부터였습니다. 엄마, 아빠의 스마트폰을 고사리 손에 쥐고 이것저것 만져보는 것을 무척 좋아했어요. 작은 손가락을 움직이며 알록달록한 화면과 소리에 집중을 하고 흥미를 보이는 아이의 모습이 귀엽기도 하고 신기하기도 해서 그냥 내버려 두었지요.

그런데 언제부턴가 문제가 있다는 걸 알게 됐어요. "이제 그만 하고 동화책 보자." "그만 하고 밥 먹자." 하면서 아이 손에서 스마트폰을 빼앗으면 마구 칭얼대며 짜증을 부리는 거예요. 심지어 숨넘어가게 울음을 터뜨리며 발버둥을 치고 괴성을 지르기도 해요. 그러다가 스마트폰을 다시 손에 쥐어줘야 울음을 뚝 그칩니다.

문제는 집에서뿐만 아니라 식당이나 백화점 등 사람이 많은 공공장소에서도 울고 소리를 지릅니다. 그때마다 손에 스마트폰을 쥐어줘야 겨우 달랠 수 있습니다. 전에는 이 정도는 아니었던 것 같은데 점점 심해지는 것 같아요.

집안에서건 공공장소에서건 스마트폰을 빼앗으면 울음을 터뜨리는 우리 아이, 뭔가 해결책이 없을까요?

뚝딱이 아빠 김종석 박사가 이야기하는…
이럴 땐 이렇게 해요~

많은 부모님들이 아이 키우면서 겪는 일 중 하나가 바로 어린 아이들의 스마트폰 사용 문제죠. 최근의 어느 통계에 따르면 5세 이하의 유아를 둔 가정 중 최소 20% 이상은 아이가 날마다 스마트폰을 사용한다고 합니다. 아마 민준이의 경우도 매일 스마트폰을 사용하는 아이인 것 같아요.

게다가 형제가 없는 외동이기 때문에 어린이집에서 친구들을 만나는 것 말고는 집에서 함께 놀이를 하며 상호작용을 할 상대가 없었을 거예요. 무엇보다도 놀이시간에 아이가 장난감 대신 스마트폰을 가지고 노는 것에 대해 부모님이 별다른 제재를 하지 않았던 것으로 보입니다. 스마트폰을 놀잇감 삼아 가지고 노는 행위가 어느 정도 고착화되고 습관화되면서 중독의 양상을 보이기 시작한 것이지요.

유아기는 스마트폰 자극에 가장 취약한 시기

어린 아이들에게 스마트폰은 참으로 재미난 장난감입니다. 외부 세계에서 보이고 들리는 것을 스펀지처럼 흡수하여 오감이 발달하는 시기이기도 하고 특히 손으로 만져서 얻어지는 감각에 열광하는 시기입니다. 스마트폰이라는 신기한 장난감을 쥐게 된 아이는 자신의 손가락만 이리저리 갖다 대면 화면도 막 움직이고 소리도 나니까 즉각적인 만족감을 얻죠. 그런데 그 자극이 너무나도 강하다 보니까 그보다 약한 자극은 견디지 못하고 강한 자극만 지속되기를 원하게 됩니다.

아이들이 맨 처음 스마트폰을 접하게 되는 계기는 아주 우연이었을 거예요. 엄마, 아빠가 사용하는 모습을 관찰하며 자연스럽게 호기심을 갖고 자기도 만져보고 싶었을 것이고, 부모님들도 아이가 스마트폰에 호기심을 갖는 모습이 마냥 귀여워 보이기만 했을 것입니다. 문제는 아이들의 손에 스마트폰이 쥐어지는 시간이 점점 길어지면서, 다른 장난감과는 달리 유아의 생활 전반에 지배적인 영향을 끼친다는 점입니다.

아이는 계속해서 자극을 바라게 되는데 영유아기는 아직 자신의 욕망에 충실한 시기이기 때문에 울거나 떼를 써서라도 자기가 원하는 것을 얻으려 하죠. 부모들도 처음에는 아이의 울음을 그치게 하기 위해 임시방편으로 스마트폰을 쥐어줬다가, 점차 스마트폰을 주지 않으면 울음의 강도가 세지는 것을 경험하게 됩니다. 잠깐 달래려고 쥐어준 스마트폰이 점점 아이를 지배하고 부모를 지배하는 악순환이 이어집니다.

또 공공장소에서 떼를 쓰면 더 빨리 원하는 것을 얻을 수 있음을 알게 된 아이들이 본능적으로 이를 이용할 줄 알게 됩니다. 떼를 쓰면 스마트폰을 쥐어주니까요. 유아들의 작은 손에 쥐어진 스마트폰, 참으로 요물이 아닐 수 없습니다.

신체 놀이로 관심을 전환하자

유아들에게 스마트폰이 위험한 이유는 이 시기에 발달시켜야 할 수많은 성장능력 중 특히 '만족지연능력'의 발달을 막기 때문입니다. 만족지연능력이란 자기가 갖고 싶더라도 참고 기다릴 줄 아는 능력으로서 실생활에서 사회인으로 지켜야 할 규칙, 규범 등을 익히기 위한 가장 기초적인 토대가 되지요.

유아기에 반드시 배우기 시작해야 할 것들 중 하나가 바로 기다림을 견딜 줄 아는 능력입니다. 그런데 스마트폰은 아이의 오감을 건드리는 자극들을 즉각 제공하기만 할 뿐 그 다음부터는 아무 것도 가르쳐주지 않아요. 만족을 얻고자 하는 본능만 충족시켜줄 뿐 기다리게 해주지 않는 것이죠.

무엇보다도 유아들은 아직 외부 자극이 가상인지 현실인지 구분하지 못하는 시기입니다. 발달단계로 볼 때 모든 것을 자기중심적으로 받아들이고, 상상 속의 세계를 실제상황으로 인식하기도 합니다. 그래서 스마트폰에 너무 몰입하게 되면 스마트폰 화면 속의 세상을 실제 세상과 잘 구별하지 못하는 것입니다.

처음부터 부모님이 아이에게서 스마트폰을 가급적 멀리 떨어뜨려 놓았다면 더 좋았겠지만 지금도 늦지 않았습니다. 이제부터라도 부모님과 가족 모두가 적극 개입하여 아이의 관심을 스마트폰에서 다른 것으로 유도할 수 있도록 해야 합니다.

울고 떼쓰는 아이를 달래기 위해 스마트폰을 쥐어주는 습관은 처음에는 어렵더라도 고치지 않으면 안 됩니다. 아이가 심하게 울 때는 스마트폰을 주는 대신 아이가 진정될 때까지 품에 꼭 안아주시기 바랍니다. 발버둥을 치더라도 조금 기다려주세요. 부모님도 아이도 힘들겠지만 '떼를 쓰면 원하는 걸 준다'는 아이의 인식은 반드시 교정해주어야 합니다.

아이가 진정한 다음에는 스마트폰이 아닌 다른 놀이로 아이의 관심을 돌리는 데 주력해야 합니다. 촉감책이나 팝업북, 유아용 퍼즐 등 오감을 자극하는 놀잇감을 활용해 부모님이 함께 눈을 맞추고 교감하며 놀아주는 시간을 늘려보세요. 아이가 스마트폰을 만지던 시간을 다른 것으로 채우는 것이지요.

특히 야외에서의 놀이시간을 전보다 늘이고 엄마, 아빠와 몸으로 부딪히고 땀을 흘릴 정도로 신체를 이용하여 놀 수 있는 기회를 자주 갖게 해주는 것이 큰 도움이 됩니다.

스마트폰을 보여줘야
밥을 먹어요

　서연이(5세, 여)는 이유식을 시작하던 아기 때부터 밥투정이 유난스런 아이였습니다. 매 끼니 때마다 밥을 안 먹겠다고 짜증내거나 도망가는 일이 많아서 식사시간이면 한 숟갈이라도 먹이느라 진땀을 빼곤 했어요. 그런 서연이가 유일하게 고분고분 밥을 받아먹을 때는 바로 눈 앞에 스마트폰을 보여줄 때입니다.

　식탁 위에 스마트폰 거치대를 놓고 아이가 좋아하는 애니메이션 동영상을 플레이 시켜놓고 세워두기만 하면 아이는 그 화면을 보느라 정신이 팔려 있습니다. 그때 밥숟갈을 입에 넣어주면 큰 저항 없이 주는 대로 받아먹습니다. 물론 눈은 스마트폰 화면에 고정되어 있지요. 엄마로서는 이렇게 해서라도 아이가 밥을 잘 먹어준다는 게 너무 좋았습니다. 그래서 아이가 밥투정을 부릴 것 같으면 얼른 스마트폰부터 켜주고 "자, 우리 서연이가 좋아하는 거 보면서 밥 먹자." 하면서 아이를 식탁으로 유인했습니다. 이렇게 밥을 먹이면 아이를 쫓아다니며 싸우지 않아도 되니까 처음에는 참 편리하게 느껴졌습니다. 스마트폰이 마치 고마운 육아 도우미 같았습니다.

그런데 이런 습관이 굳어지면서 뭔가 이래서는 안 되겠다는 생각
이 들기 시작했어요. 이제는 스마트폰이 없이는 아예 밥을 안 먹으려
하기 때문입니다. 명절 때 할머니, 할아버지와 다른 친척들과 다 같
이 식사를 할 때조차도 서연이는 자기 코앞에 스마트폰을 켜줘야만
밥을 먹고, 그것도 제 손으로 먹는 것이 아니라 엄마가 억지로 떠 먹
여줘야 먹습니다.

스마트폰이 있어야만 밥을 먹는 아이의 잘못된 습관, 어떻게 고쳐
야 할까요?

뚝딱이 아빠 김종석 박사가 이야기하는…
이럴 땐 이렇게 해요~

서연이의 경우에는 잘못된 식습관과 유아 스마트폰 중독이 결합된
것이라고 볼 수 있는데요, 사실 요즘 적지 않은 부모님들이 공감하는
문제이기도 할 것입니다.

아이들이 편식을 하거나 밥투정을 하는 원인은 매우 다양한데, 후
천적인 습관 때문일 수도 있고 선천적인 그 아이의 성향 때문일 수도

있어요. 어떤 아이들은 수유기를 지나 이유식을 먹일 때부터 이미 편식 성향을 드러내기도 하는 반면, 또 어떤 아이들은 부모가 별다른 노력을 하지 않았는데 이것저것 가리지 않고 먹성이 좋은 경우도 있습니다.

편식과 밥투정이 심한 아이의 경우 이를 고치기 위한 부모의 장시간의 끈기와 전략이 요구되는데, 엄마가 육아에 많이 지쳐 있거나 아빠를 비롯한 다른 식구가 육아를 거의 도와주지 않을 때일수록 엄마 혼자만 지치게 마련입니다. 그 도우미 자리를 대신하는 것이 최근에는 스마트폰이 되어버리는 경우가 참 많습니다.

문제는 아이를 일시적으로 달래거나 관심을 돌리기 위해 밥상 위에 스마트폰을 켜줬을 경우, 아이의 잘못된 식습관은 잘못된 대로 고쳐지지 않은 상태에서 스마트폰 중독까지 추가로 유발한다는 점입니다.

먹는 기쁨을 가르쳐야 한다

우선 서연이는 먹는 것의 즐거움을 배우는 과정이 필요합니다. 밥투정이 심한 아이들의 경우 분명 그 아이가 싫어하는 특정 음식의 맛, 식감, 촉감, 냄새가 있을 것입니다. 그게 무엇인지 발견하기 위해서는 부모님의 꾸준한 관찰이 필요합니다. 시금치 같은 특정 채소의 맛과 씹는 느낌을 싫어하는 아이도 있고, 고기를 무조건 뱉어내는 아이도 있고, 심지어 쌀밥의 질감 자체를 거부하는 아이도 있습니다. 어떤 음식을 왜 싫어하는지는 아이마다 너무나도 천차만별이어서 실제로 부모의 주도면밀한 관찰이 선행되지 않고서는 알아내기 어려운 경우도 있습니다. "아니, 엄마가 정성껏 맛있게 만들어줬는데 이게 왜 싫어?"라고 생각하시지 말고 아이의 성향 자체를 있는 그대로 발견해내야 합니다.

아이가 무엇을 싫어하는지를 발견한 다음에는 본격적으로 부모님의 창의력을 발휘할 때입니다. 아이가 싫어하는 음식을 아이가 가장 좋아하는, 혹은 덜 싫어하는 형태와 맛을 내게끔 조리를 다르게 하는 것입니다. 으깨거나, 갈아서 색깔을 내거나, 튀기거나, 아이가 좋아하는 맛의 소스를 첨가하거나, 아이가 좋아하는 만화 캐릭터의 모양을 내는 등 방법은 다양합니다.

즉 아이의 호기심을 지속적으로 자극하여 먹는 것이 기쁜 일이라는 것을 계속 인식하게 하는 것인데, 이때 반죽이라든가 모양내기 같은 조리과정에 아이를 참여시키는 것도 하나의 방법입니다. 즉 요리를 아이와 함께 놀이하는 시간으로 전환하는 것이죠. 아이들은 자기가 직접 만든 것에 대해서는 관심을 보이게 마련이고, 엄마와 함께 요리를 해보는 과정을 통해 교감을 하고 애정을 느끼게 됩니다. 또한 아이가 밥을 먹지 않는다고 해서 쫓아다니면서 떠먹여주는 습관은 이제부터라도 자제하는 것이 좋습니다. 억지로 떠먹이는 행위 자체가 아이에게는 고통스럽고 싫은 경험으로 각인되기 때문이죠.

스마트폰보다 재미있는 부모와의 요리 시간

이 모든 과정에서 반드시 없애야 할 것이 스마트폰입니다. 밥상 위에 스마트폰이나 태블릿PC를 놓아두고 밥을 먹이는 것은 실제로 많은 부모들이 반드시 고쳐야 할 습관 중 하나입니다. 아이가 스마트폰을 봐야만 밥을 먹는다면, 스마트폰을 켜주는 대신 식탁 위가 재미있는 놀이터가 될 수 있도록 음식과 음식 재료로 관심을 돌리는 것이 좋습니다.

요즘 대부분의 가정에서의 식사 시간을 떠올려보세요. 우리 집은 식사 시간에 가족이 대화를 하고 웃으며 밥을 먹는 집일까요, 아니면 묵묵히 자기 밥만 먹고 바로 일어나거나 혹은 밥을 먹는 내내 식구들 모두가 TV 화면에만 시선을 고정시키는 집일까요? 아마 상당수의 가정이 후자에 속할 것입니다. 어른들조차도 식사시간에 TV를 보는 경우가 태반인데 하물며 외부 자극에 대한 자제력이 거의 없는 영유아들은 어떨까요?

얼마 전 미국의 소아과학회에서는 TV, 비디오, 스마트기기 등 영상 화면을 통한 오락을 '정신적 정크푸드'라고 규정했다고 합니다. 정크푸드란 햄버거나 인스턴트식품처럼 칼로리만 높고 영양가는 거의 없는 불량한 음식을 지칭하는 말이죠. 유아들의 밥상 앞에 스마트기기를 틀어주는 것은 아이에게 물질적 정크푸드와 정신적 정크푸드를 한꺼번에 먹이는 것임을 잊지 말아야 할 것입니다.

[tip] 마시멜로 실험 : 자제력 있는 아이가 큰 사람이 된다

사람이 원하는 것을 얻기 위해 참고 기다릴 수 있는 능력을 심리학에서는 '만족지연능력'이라고 합니다. 이 만족지연능력은 인간의 인성과 본성의 조화가 평생에 걸쳐 어떤 영향을 끼치는지를 보여주는 능력이기도 합니다.

1966년 미국 스탠퍼드 대학의 심리학과에서는 장기간에 걸친 인성훈련 실험을 진행했습니다. 우선 4세 유아 653명을 대상으로 실험을 시작했습니다. 아이들이 좋아하는 마시멜로를 준 다음, 15분 동안 먹지 않고 참고 기다리면 1개를 더 줄 것이라고 이야기해주었습니다.

아직 4세에 불과한 어린 아이들은 눈앞에서 달콤한 냄새를 풍기는 마시멜로에 두 눈을 반짝였습니다. 15분이라는 시간은 아직 아이들에게는 너무나도 긴 시간이었고,

아이들은 하나 둘 유혹을 견디지 못하고 마시멜로를 입으로 가져갔습니다. 이중 유혹을 견디고 15분을 버틴 끝에 마시멜로 하나를 더 얻어낸 아이들은 30%에 불과했습니다. 실험 팀에서는 그 후 15년간 이 아이들 전부를 추적 관찰했습니다. 아이들이 고교를 졸업할 무렵까지 추적 관찰을 한 결과, 마시멜로의 유혹을 견딘 30%의 아이들은 놀랍게도 대학수학능력시험(SAT) 평균 점수가 나머지 70%의 아이들에 비해 월등히 높았습니다.

그리고 다시 세월이 흘러, 최초 실험일로부터 45년이 지난 2011년도에 이 아이들을 다시 찾아내 조사했습니다. 그 결과 30%에 속한 아이들의 상당수가 중년 이후에도 사회적으로 성공적이고 원만한 삶을 살고 있었다고 합니다. 반면 70%에 속한 아이들 중에는 사회부적응자나 약물중독자가 많았다고 합니다.

일명 '마시멜로 실험'으로 유명한 이 인성훈련 실험은 자신의 욕구를 적절히 통제하여 더 큰 목표를 성취하고자 하는 만족지연능력이 사람의 인생에 큰 영향을 끼친다는 점을 보여줬습니다.

영유아 시기에 스마트폰 영상에 지나치게 노출된 아이들이 가장 방해를 받는 것이 바로 이 '만족지연능력'이라고 합니다. 스마트폰은 어른과 아이 모두에게 순간적인 만족을 주는 도구이지만 인내하고 기다리는 법은 전혀 가르쳐주지 않기 때문입니다.

안 좋다는 걸 알면서도
쥐어주게 돼요

　윤호(6세, 남)는 성격이 얌전해서 큰 말썽을 부린 적은 별로 없었습니다. 윤호가 3살 때 일란성 쌍둥이인 남동생들이 태어난 이후 저는 사실 육아에 늘 지친 상태였습니다. 제대로 마음 편히 쉬어본 적이 언제였는지 기억도 잘 나지 않습니다. 쌍둥이들의 수유기가 지나면서부터 조금 나아지기는 했지만 세 사내아이들을 건사하고 하루 일과를 마치면 기진맥진하게 되는 것이 사실입니다.

　다행히 맏이인 윤호가 집에서나 유치원에서나 큰 사고를 친 적이 없고 나이에 비해 의젓한 모습을 보이는 것이 늘 미안하고 짠합니다. 하지만 매일 정신없는 일과를 보내다 보니 마음처럼 윤호를 돌봐주지 못하는 때가 많은데요, 특히 집안일로 아주 바쁘거나 제가 너무 피곤해서 잠깐 눈 좀 붙이고 싶을 때에는 제 스마트폰에서 아이가 좋아하는 애니메이션 애플리케이션을 열어 아이 손에 쥐어주며 "이거 보고 있어."라고 말하곤 했습니다.

　어린 아이들이 스마트폰을 자주 보는 것이 그리 좋지 않다는 것을 저도 모르는 건 아니에요. 하지만 저뿐만 아니라 많은 엄마들이 육아와 가사노동에 치이고 남편도 육아를 거의 안 도와주는 상황이고 하면 스마트폰을 도우미로 활용하게 되는 것이 현실입니다. 아이가 스마트폰 화면을 보며 노래도 따라하고 스토리에도 집중하는 것이 그렇게까지 나빠 보이지도 않고요.

　하지만 늘 얌전하게 스마트폰을 보며 혼자 노는 윤호, 그리고 힘들고 지칠 때마다 아이에게 스마트폰을 쥐어주곤 하던 제 모습을 돌아보면 자꾸 이런 생각이 듭니다. 제가 아이를 제대로 키우고 있는 것일까요?

뚝딱이 아빠 김종석 박사가 이야기하는…
이럴 땐 이렇게 해요~

　아이 하나를 키우는 것도 쉽지 않은데 하물며 쌍둥이까지 세 아이, 그것도 사내아이들을 양육한다는 것이 얼마나 힘든 일인지는 경험해본 부모가 아니고서는 감히 쉽사리 이해하기 어려울 것입니다. 이러한 고충을 접할 때마다 다시 한 번 이 세상 모든 엄마들에게 격려와 찬사를 보내드리고 싶습니다.

스마트폰은 아이에게 이롭지 않다, 교감하는 놀이를 많이 해줘야
한다, 아이와의 시간을 많이 가져야 한다……. 사실 요즘 젊은 부모님
들은 정보도 많고 육아지침도 많이 알고 있기 때문에 이런 상식들을
모르지는 않을 것입니다. 하지만 현실은 그렇지 않죠. 몸이 너무 고되
고 도와주는 이도 없을 때면, 안 되는 줄 알면서도 자기도 모르게 아
이에게 짜증을 낼 수도 있고 임시방편으로 TV를 틀어주거나 스마트
폰을 쥐어줄 수도 있습니다.

　그런 엄마들을 무조건 탓하기 전에, 너무 엄마 혼자만 가사노동과
육아를 감당하고 있는 것은 아닌지, 남편의 배려와 협력이 충분했는
지, 다른 식구들의 협조가 뒷받침되었는지 돌아봐야 할 것입니다.

　그런 다음 부부가 머리를 맞대고 상대방의 어려움을 이해해주고 현
실적인 개선책을 같이 의논해야지, "힘들다고 아이에게 스마트폰을
주다니 당신은 나쁜 엄마군." 이라고 죄책감까지 부과해서는 절대 안
될 것입니다.

　그러니 윤호 어머니도 아이에게 잘못 하고 있다는 죄책감은 떨쳐버
리시기 바랍니다. 이미 당신은 좋은 어머니이고 앞으로 더 좋은 어머
니가 되실 것이기 때문입니다.

아빠가 육아에 적극 참여해야 한다

남편이 바깥일을 하고 아내가 가사와 육아를 전담하는 전업주부인 경우, 아무리 엄마가 집안일 담당이라 하더라도 육아와 양육의 일정 부분은 아빠도 최대한 동참할 수 있어야 합니다. 요즘의 현명한 아빠들은 "하루 종일 집에 있으면서 그게 뭐가 어려워? 나는 퇴근하고 나면 쉬어야 한다고."라고 말하지 않습니다. 그 대신 저녁이나 주말 등 집에 있는 시간동안이라도 아빠만이 할 수 있는 역할들을 기꺼이 하려 듭니다.

남자아이인 윤호는 아빠와의 관계를 통해 남성성과 사회성을 배울 것입니다. 아무리 아빠가 집에 있는 시간이 엄마보다 절대적으로 적더라 하더라도 이 사실만은 변하지 않습니다. 아빠와 아이와의 관계 맺기가 꼭 시간의 양에 비례하는 것은 아니니까요.

엄마가 아직 쌍둥이 동생들 육아에 좀 더 많은 시간을 보낼 수밖에 없는 형편이라면, 아빠는 윤호와의 놀이시간, 특히 남자들끼리 온몸으로 교감할 수 있는 활동적이고 역동적인 육체 놀이시간을 지금보다 더 많이 갖는 것이 좋습니다. 만약 아빠가 집에 있을 때에도 윤호가 혼자 스마트폰을 가지고 노는 시간이 많았다면, 그 시간 동안의 스마트폰의 자리를 아빠가 채워줄 수 있어야 합니다.

엄마들과 달리 아빠들은 자신의 몸을 놀이터 삼아 아이들이 놀 수 있게끔 하는 데 훨씬 더 유리하죠. 엄마와 다른 아빠의 이러한 역할은 장차 아이들의 바른 인성과 사회성, 리더십 향상에 결정적인 영향을 끼친다는 연구 결과가 잘 알려져 있습니다.

스마트폰 대신 심부름을 시키자

윤호에게 혼자 놀고 있으라며 스마트폰을 쥐어주는 대신, 윤호를 어엿한 가족 구성원으로 인정하고 엄마의 일을 돕게 해보세요. 윤호 나이 정도면 충분히 할 수 있는 쉽고 자잘한 집안일들, 예를 들어 부엌이나 다른 방에 있는 물건을 가져오라는 잔심부름이라든가 장난감을 정리한다든가 빨래를 개거나 식탁에 수저를 놓는 일 등 쉽고도 엄마를 도와줄 수 있는 일들을 자주 시키는 것입니다.

이때 엄마가 잊지 말아야 할 것은 아이가 집안일이나 심부름을 도왔을 때 반드시 그 행위에 대해 칭찬을 해주고 고맙다고 말해줘야 한다는 점입니다. 그러면 아이는 엄마가 자기에게 일을 시킨다고 느끼는 것이 아니라 '나도 뭔가 중요한 역할을 하고 있고 엄마에게 사랑받고 있으며 이 집에서 꼭 필요한 존재다.' 라고 느낄 것입니다.

성격상 얌전하여 겉으로 표현을 많이 하지 않는다 할지라도, 아이들이 진성 원하는 것은 스마트폰 놀이가 아니라 엄마의 관심과 애정입니다. 유아기에 가장 중요한 것은 부모와의 안정적인 애착관계입니다. 스마트기기를 통해서는 시각적, 청각적 자극을 일방적으로만 받게 되지만, 엄마의 일을 도와주고 칭찬을 받고 애정을 느끼는 시간들을 통해 아이는 타인과의 상호작용을 배우게 되고 건강한 자존감을 형성하게 됩니다. 더불어 엄마의 일손도 덜 수 있으니 일석이조의 효과를 불러오겠죠?

교육용 애플리케이션은
유익하지 않을까요?

저는 8살과 4살인 남매를 키우는 워킹맘입니다. 같은 동네 사시는 친정어머니가 아이들을 봐주시는데 언제부턴가 아이들이 어른의 도움 없이도 스마트폰을 아주 능숙하게 사용한다는 것을 알게 되었습니다.

친정어머니는 "나보다 애네들이 휴대폰을 더 잘 다룬다."고 하시며 신기해 하시는데요, 그걸 알고부터는 아예 어머니 휴대폰에 아이들이 볼 만한 동요나 애니메이션 애플리케이션을 다운로드 받아두었습니다. 그러자 어머니보다도 아이들이 먼저 스스로 알아서 스마트폰의 해당 앱을 터치해 동화나 동요를 즐기곤 하는 것이었어요.

요즘에는 아이들을 위한 교육용 애플리케이션이 많은데 특히 한글교육과 영어교육을 도와주는 앱은 아이들에게 유익할 것이라는 생각이 들었습니다. 언제 어디서나 바로 열어서 아이들에게 보여줄 수 있고 아이들도 화면을 보며 노래를 따라하거나 발음을 따라할 수 있으니 제가 봐도 교육적으로 해로워 보이지 않아요.

어머니도 아이들을 돌보다 힘드시면 스마트폰을 아이들에게 쥐어주고 잠시 쉴 수 있어 좋다고 하십니다. 또한 제가 신중히 선택한 애플리케이션들이니 아이들에게 나쁜 영향을 끼칠 것 같지 않고요.

요즘 아이들은 이전 세대와는 달리 어릴 때부터 멀티미디어를 접하는 환경에서 자라나고 있으니, 기왕이면 스마트폰이라는 멀티미디어 기기를 적극 활용해서 언어교육과 시청각교육을 시켜주면 좋지 않을까요?

뚝딱이 아빠 김종석 박사가 이야기하는…
이럴 땐 이렇게 해요~

요즘 대부분의 유아들이 아주 어렸을 때부터 스마트폰을 접하는 것이 현실입니다. 유모차에 탄 아이의 손에 스마트폰을 쥐어주고 유아들의 대통령이라고 일컬어지는 '뽀로로' 같은 애니메이션 영상을 틀어주는 부모들을 자주 보게 됩니다.

최근 몇 년, 짧은 시간 동안 전 국민의 대부분이 소지하게 된 스마트기기는 우리의 일상생활 자체를 바꿔놓았다고 해도 과언이 아닐 것입니다. 예전에 대부분의 가정에 퍼스널 컴퓨터가 놓이게 되면서도 사회적으로 많은 변화가 일어났지만, 스마트기기가 초래한 최근의 변화에는 비할 바가 아니었던 것 같습니다.

특히 아이들의 삶에 끼친 영향력은 상상을 초월할 정도이죠. 데스크톱 컴퓨터는 적어도 책상 앞에 앉아 컴퓨터의 전원을 켜는 행위라도 해야 하지만, 스마트폰과 태블릿PC는 언제 어디서나 손에 쥐기만 하면 모든 것을 할 수 있기 때문일 겁니다.

스마트기기가 어린이교육에 끼친 영향력

스마트기기의 상용화가 가장 큰 영향을 끼친 것은 어쩌면 어른보다 아이들 교육일지도 모릅니다. 화려한 영상과 자극적인 음향을 총동원한 멀티미디어 학습 프로그램이 '즐겁게 놀면서 배울 수 있다.'는 취지 하에 영유아 및 어린이 교육의 상당부분을 점령하게 된 것이 현실이기 때문입니다.

손 안의 화면에서 눈앞에 펼쳐지는 화려한 색채와 그래픽, 귀를 사로잡는 자극적인 음향, 지루할 틈을 주지 않는 스토리 전개……. 아이들이 여기에 빠져들지 않기란 힘들 것입니다. 아이들은 물론이고 어른들도 스마트폰의 노예가 되는 경우가 많으니까요.

문제는 스마트폰에 집중하는 것이 진정한 의미의 집중력이라고는 할 수 없다는 점입니다. 오히려 자칫 남용하다가는 집중력을 저하시키는 주범이 될 위험도 있습니다. 그 이유는 다음과 같습니다.

스마트기기 학습은 수동적이다

컴퓨터나 스마트기기의 화면은 시각적, 청각적 자극이 매우 강렬합니다. 장면이 바뀌면서 인간의 원초적인 흥미를 유발하는데, 이러한 영상에 익숙해지고 나면 이보다 약한 자극에는 집중을 하기 어렵습니다. 어린 아이들이 스마트폰 영상에만 중독되면 두뇌가 고루 발달하지 못합니다. 스마트폰이 제공하는 자극과 정보를 수동적으로 인식하는 기능만 발달할 뿐, 창의적 사고를 하게 해주는 두뇌의 다른 영역들은 오히려 퇴화될 수도 있습니다.

그렇게 되면 인지발달에 오히려 부정적 영향을 끼치고, 특히 우뇌발달을 지연시킵니다. 인간의 좌뇌와 우뇌 중 정서, 지각, 인지기능 같은 비언어적 기능을 담당하는 것이 우뇌인데, 특히 우뇌발달에 가장 중요한 시기가 유아기입니다. 그런데 스마트기기는 인지능력을 사용할 필요 없이 시청각적 자극만 제공하므로 우뇌를 거의 쓰지 않게 만듭니다.

또한 스마트폰을 이용해 한글이나 영어를 익히게 하면 흥미를 유발한다는 점에서는 좋을 수 있으나, 아이들의 언어적 발달이란 단지 흥미유발만으로 완성되는 것은 아니라는 점을 알아두셔야 합니다.

글자를 읽고 생각하여 자신의 것으로 만드는 사고 과정도 동반되어야 하고, 다른 사람과 교감하고 대화하는 상호작용도 언어발달의 중요한 부분입니다. 그런데 어릴 때부터 자극적 영상 콘텐츠에만 너무 익숙해지다 보면 문자를 통해 사고하는 과정이라든가 상대방의 눈빛과 몸짓을 이해하는 상호적 사회화 과정에 지루함을 느끼게 됩니다.

생각하는 걸 귀찮아하고, 영상물이 아닌 것에 집중하지 못하며, 타인과의 상호작용을 어려워한다면 그것은 진정한 의미의 학습능력이라고는 할 수 없지요. 그래서 오히려 스마트기기 영상이 아닌 다른 것에 대한 집중력과 사고력, 학습능력은 떨어지는 역효과를 불러일으킨다고 하는 것입니다.

보조적으로 똑똑하게 활용하자

스마트기기를 이용한 학습도 과하지만 않다면 물론 장점이 있습니다. 하지만 어디까지나 학습의 보조도구로만 활용하는 것이 좋습니다. 아이들의 두뇌 발달을 위해 가장 중요한 것은 놀이를 통해 신체 협응력을 키워주는 활발한 활동, 그리고 부모와의 충분한 교감을 통한 안정적인 애착관계 형성입니다. 글자를 몇 살 때 익히느냐 하는 것보다 오히려 이런 것들이 우선시되어야 합니다.

아이들은 몸을 충분히 움직여야 두뇌가 발달되고, 영상매체 뿐만 아니라 다양한 감각들을 고루 경험해야 오감이 발달합니다. 또한 부모와 눈을 맞추고 몸을 부대끼며 체온을 나누는 경험이 많을수록 창의력과 인지능력, 사회성이 발달합니다.

가만히 앉아 외부의 정보를 받아들이는 것보다 조금 느리더라도 스스로 만들어보고 고민하고 시행착오를 해볼 수 있는 놀이 시간이 많아야 합니다. 영상을 보고 듣는 것보다 동화책을 소리 내서 읽어보기도 하고, 부모님이 읽어주는 목소리를 들으며 상상도 해보는 것이 언어발달에 더욱 효과적입니다.

[tip] 스마트폰은 두뇌에 어떤 영향을 끼치는가?

최근 미국의 소아과학회에서는 2세 미만의 아기에게는 TV와 비디오 시청을 피하게 하고 2세 이상의 유아들도 컴퓨터와 스마트폰 영상을 보는 시간을 하루 2시간 이하로 제한할 것을 권했습니다.

2세 이전에 영상물을 많이 접하면 언어발달, 읽기, 단기기억에 부정적 결과를 초래하고, 수면장애를 유발하며, 주의력 발달도 저하시키기 때문이라고 합니다. 자극적인 영상에 익숙해진 영유아들은 책이나 장난감 같은 것들을 지루하고 단조롭게 여기며 거부할 위험이 있다는 것입니다.

스마트폰 과다 사용은 전두엽 발달을 방해한다

인간의 두뇌 앞쪽에 있는 전두엽은 사고력과 기억력, 창의력, 판단력, 논리력, 집중력 등을 조절하고 외부의 정보를 취합하며 감정과 도덕성을 주관하는 곳입니다. 따라서 전두엽이 정상적으로 발달해야 문제해결능력과 사고력이 좋아지고 이성적인 판단력이 발달하여 충동에 대한 자제력도 길러집니다.

인간은 6세 이전까지 전두엽이 급속하게 발달하는 시기인데, 이 시기 영유아기에 스마트폰을 너무 많이 사용하게 하면 시청각적 자극만을 받아들이고 전두엽 자극은 거의 이루어지지 않는다고 합니다. 즉 종합적 사고력 발달에 필요한 두뇌 자극이 되지 않아, 그 시기에 반드시 필요한 두뇌 성장이 방해를 받는 것입니다.

손을 사용한 놀이, 그리고 온몸을 사용한 운동은 두뇌를 균형적으로 성장하게 도와주지만, 스마트폰을 통한 자극은 오히려 두뇌의 중요 부분을 손상시킬 수 있습니다. 본질적으로 스마트기기 영상은 단순하고 반복적이며 자극적이기 때문입니다.

또한 자기 통제력을 주관하는 전두엽이 어렸을 때 덜 자극될수록 성인이 되어서도 나쁜 충동에 쉽게 굴복하게 됩니다.

도파민 과다분비가 중독성을 유발한다

어른, 아이 할 것 없이 스마트폰에 쉽게 중독되는 이유는 스마트기기를 사용할수록 뇌에서 도파민이라는 물질이 활성화되기 때문입니다. 도파민은 우리 뇌의 신경전달 물질의 일종이라 할 수 있는데 흔히 행복감과 쾌락을 담당합니다. 그래서 도파민이 적당하게 분비되어야 우울증에 빠지지 않고 삶의 행복감과 앞날의 목표에 대한 의욕도 가질 수 있습니다.

문제는 도파민이 과다 분비될 경우입니다. 스마트폰의 자극적인 콘텐츠나 게임들은 대체적으로 도파민 활동을 빠른 시간 내에 극대화시키는데, 도파민이 과다 분비될수록 내성이 생겨서 더 큰 자극을 요구합니다. 내성은 중독을 유발하고 중독이 시작되면 일상생활을 스스로 통제하기 어려워집니다. 오로지 더 강한 자극만을 원하게 되는 것이죠.

스마트폰이 뇌 구조마저 바꾼다! '팝콘 브레인'

심리학자들과 뇌 전문가들의 말에 의하면 인간의 뇌는 즉각적이고 예측 불가능한 자극을 갈망하는 속성이 있다고 합니다. 속도가 빠르고, 순간적인 희열감을 주고, 매 순간 새로운 볼거리를 제공하는 멀티미디어 테크놀로지가 급속히 발달하는 것은 인간의 이와 같은 동물적 본능을 충족시키고자 하는 욕구와도 밀접한 관련이 있습니다. 강렬한 멀티미디어 자극이 도파민 분비를 촉진시켜 희열감을 주기 때문인데, 이러한 과정이 반복될수록 실제로 두뇌 구조도 변화한다고 합니다.

최근 중국의 대학에서 수행한 한 실험에 따르면 하루 10시간 이상 인터넷을 사용한 학생들은 하루 2시간 미만 사용한 학생들에 비해 뇌 회백질의 크기가 작아졌다고 합니다. 이는 과도한 멀티미디어 및 IT기기의 영상 자극이 두뇌의 기능과 구조마저 변화시킬 수 있음을 증명합니다.

이처럼 온라인 및 전자기기의 시각 자극에 익숙해져, 오프라인 즉 일상생활의 평범한 자극에는 반응을 보이지 않거나 부적합하게 된 뇌를 일컫는 신조어가 '팝콘 브레인' 입니다. 팝콘이 순간적으로 부풀어 튀어 오르듯이 즉각적 자극에만 반응하는 뇌라는 뜻입니다. 뇌가 팝콘처럼 변형된 사람은 영상이 아닌 책과 문자를 통한 사고과정을 어려워하고, 조금만 단조롭거나 속도가 느려도 지루해서 견디지 못하며, 일상생활에서 타인의 감정에 무감각하여 사람과의 교류의 필요성을 별로 느끼지 못합니다.

심심풀이로 입을 즐겁게 하지만 영양가는 없는 팝콘처럼 우리의 뇌가 변형될 수도 있다니 참으로 무서운 일입니다. 스마트폰의 편리함에는 분명 많은 장점이 있겠지만, 그 편리함으로 인해 복잡한 사고와 타인과의 교감을 거부하고 즉각적인 자극만을 추구하는 것은 경계해야 하겠습니다.

하루 종일 스마트폰을 들여다보고, 말을 걸면 짜증을 내요

초등학교 2학년인 준현이는 스마트폰 게임을 너무나도 좋아합니다. 요즘에는 그 나이 또래 아이들치고 스마트폰 게임을 할 줄 모르는 아이는 별로 없다고 하는데요, 저와 남편의 어린 시절을 떠올려보면 그때도 아이들은 오락실에서 게임하는 것을 무척 재미있어 했던 기억이 납니다. 다만 요즘 아이들은 오락실에 가지 않아도 집에서 손쉽게 게임을 즐길 수 있게 된 것 같아 세상 좋아졌다는 생각을 했어요. 그래서 남편도 저도 아이의 스마트폰 사용을 굳이 제재하지는 않았어요.

문제는 언제부턴가 아이가 스마트폰에 몰두하는 정도가 좀 지나친 것 같다는 점입니다. 집에서도 거의 하루 종일 스마트폰을 들여다보느라 정신이 팔려 있을 뿐만 아니라 점점 말수도 적어지고 엄마, 아빠와 이야기도 많이 하지 않아요.

그냥 성격상 과묵하고 말이 많지 않은 아이니 그러려니 했는데요, 최근에 아이의 반응에 엄마로서 충격을 받았습니다. 소파에서 스마트폰을 들여다보며 게임인지 뭔지를 하고 있는 아이의 어깨를 껴안 아주며 "준현아, 뭐해?"라고 말을 걸었는데 아이가 이런 반응을 보이는 것이었습니다.

"아이 씨! 말 시키지 마. 엄마 때문에 죽었잖아."

욕설에 가까운 말이 아이 입에서 너무 쉽게 튀어나오는 걸 처음에는 믿을 수 없었습니다. 그리고 아이의 극도로 신경질적인 반응에 놀라서 한 동안 아무 말도 하지 못했습니다. "준현아, 엄마한테 그게 무슨 말버릇이야?"라고 했지만, 아이는 씩씩거리며 자기 방으로 들어가 문을 쾅 닫는 것이었어요.

그 순간 비로소 깨달았습니다. 준현이에게 문제가 있다는 것을요. 그리고 그때까지 대수롭지 않게 여겼던 준현이의 모든 태도들이 다시 떠올랐습니다. 하루 종일 스마트폰만 보고 있으려 하는 점, 말수가 적고 엄마와 눈을 잘 안 마주치는 점, 스마트폰을 할 때 말을 걸면 짜증을 내는 점……. 이제라도 아이의 스마트폰 사용을 제재해야 할 것 같은데 어떻게 해야 할지 막막하기만 합니다.

뚝딱이 아빠 김종석 박사가 이야기하는…
이럴 땐 이렇게 해요~

최근의 한 통계에 의하면 수도권 초등학생의 절반 가까이 스마트폰을 소지하고 있고, 지역에 따라 다르긴 하지만 그 비율은 매년 늘어나고 있는 추세라고 합니다. 학년이 올라갈수록 이 비율은 높아지고, 초등 고학년 아이들의 관심사 중 1위를 차지하는 것도 바로 스마트폰이라고 하지요.

학교 선생님들의 이야기를 들어보면 중·고등학교는 물론이고 초등학교에서도 쉬는 시간이나 점심시간에 아이들이 장난을 치거나 밖에서 신나게 뛰어놀기보다는 각자 자기의 스마트폰만 들여다보고 게임이나 채팅에 빠져있는 광경을 흔히 보게 된다고 합니다.

청소년의 인터넷 중독 비율보다 스마트폰 중독률이 더 높은 비율로 나타나고 있어서 사회문제가 되고 있는데, 스마트폰으로 인한 가장 일반적인 현상이 바로 중독 성향입니다. 일단 손에 쥐고 들여다보거나 게임을 시작하게 되면 지속적인 자극이 이어지기를 원하고, 이 자극을 받을 수 있는 시간이 장시간이 되기를 열망하게 됩니다.

자극이 강해지고 시간이 길어질수록 스스로를 통제할 수 있는 자제력을 잃게 되고, 나중에 외부에서 강제로 중단시키게 되면 자기도 모르게 짜증을 내며 폭력적 성향도 드러내게 되는 것입니다. 그래서 스마트폰에 한창 몰입하고 있는 아이들은 옆에 누가 와서 말을 걸거나 건드려도 깨닫지 못하고 있다가, 방해를 받는다고 느껴지는 순간 짜증을 내거나 공격성을 보입니다. 또한 스마트폰을 잃어버리거나 하지 못하는 상황이 되면 금단 증세를 보여 매우 불안해하거나 신경질적으로 안절부절못하기도 합니다.

이러한 중독 증상과 금단현상은 일상생활과 학교생활, 사회생활에도 큰 악영향을 끼치게 마련입니다. 스마트폰을 빼앗자 난동을 피웠다는 중·고등학생의 사례를 종종 뉴스에서 접하게 되는 것도 같은 맥락입니다.

온 가족이 참여하는 체험활동을 자주 하자

준현이의 경우에도 스마트폰에 중독되기 시작한 초기 증상을 보이고 있습니다. 스마트폰 게임에 한창 몰입하고 있는데 부모님이 말을 걸었다면 준현이에게 그것은 부모님 목소리가 아니라 외부의 방해요소에 불과했을 것이고, 그 방해요소 때문에 게임을 실패했다고 느껴지자 공격성이 튀어나온 것입니다. 이대로 방치할 경우 초등학교 고

학년이 되고 중·고등학생이 될수록 중독성과 공격성은 그 정도가 심해질 것입니다.

사실 지금 준현이가 가장 간절히 원하는 것은 부모와 대화하고 몸으로 놀 수 있는 시간입니다. 혼자 스마트폰 게임 하는 것을 좋아하는 것처럼 보이겠지만, 스마트폰을 들여다보는 시간에 한 마디라도 더 부모와 대화하며 이해를 받고 사랑받기를 내심 원할 것입니다. 애정이 충족되지 않은 아이들일수록 겉보기에는 스마트폰에 몰입하는 것처럼 보이는데, 자신의 욕구를 스마트폰으로 대신하려 하기 때문입니다.

우선 아이가 짜증을 냈던 것에 대해서는 "네가 화를 내서 무척 놀라고 서운했다."라고 이야기를 해주고, 그런 말과 행동을 해서는 안 된다는 것을 분명히 말해주세요. 그런 다음 아이와 대화를 시도해 보세요.

"요즘 준현이가 하는 게임이 어떤 거야? 아빠에게도 가르쳐줄래?"

이렇게 슬쩍 말을 걸며 대화의 물꼬를 트는 것이지요. 아이 혼자 스마트폰에 빠져 있게 하지 말고 대화의 도구로 삼는 것입니다.

무엇보다도 부모와 함께 하는 시간, 특히 다양한 놀이를 하는 시간을 자주 만들어주세요. 놀이에는 집에서 하는 놀이와 밖에서 하는 놀이가 있습니다. 실내 놀이 중에 온 가족이 함께 참여할 수 있는 어린

이용 보드게임은 혼자서 하는 스마트폰 게임과 달리 사람과 사람 사이의 상호작용과 정서적 교감을 유발하여 아이들의 창의력과 인성 발달에도 도움이 됩니다.

　또한 야외로 놀러가거나 체험학습 하러 가는 기회를 정기적으로 마련해보세요. 놀이동산이나 박물관 견학처럼 특정 장소로 가는 방법도 있지만, 멀리 가지 않더라도 집 근처에서 부모와 몸을 부딪치며 뛰어놀게 하는 것도 적극 추천합니다. "엄마, 아빠는 어렸을 때 이런 게임을 하고 놀았다."고 하면서 다양한 전통 놀이를 함께 해볼 수도 있고, 혹은 가족이 함께 할 수 있는 야외 스포츠를 정해두고 매주 정해진 시간에 시합을 하는 방법도 있습니다.

스마트폰을 손에 쥔 채
잠들어요

6학년인 은지는 성격이 외향적이고 친구도 많은 아이입니다. 친구들 사이에서 리더십도 있고 학교생활을 즐거워하며 학업도 소홀히 하지 않는 편입니다.

그래서 아이에게 스마트폰을 사줄 때에도 큰 걱정은 하지 않았어요. 하루에 1시간 이상은 하지 말자는 약속을 정해 거의 항상 지키는 모습을 보여주었고, 다른 친구들처럼 스마트폰 게임에 중독되는 모습을 보인 적도 없었어요.

그런데 최근 들어 스마트폰으로 친구들과 단체 채팅을 하는 시간이 늘어난다는 것을 알게 되었습니다. 처음에는 문자메시지를 자주 주고받느라 휴대폰을 들여다보는 일이 눈에 띄게 잦아지더니 요즘에는 친한 친구들끼리의 단체 채팅방을 만들어놓고 틈만 나면 채팅을 하느라 스마트폰에 정신이 팔려 있기 일쑤입니다.

워낙 친구 관계를 중시하는 아이이니 그러려니 할 수도 있겠지만 점점 정도가 심해지는 것 같아 걱정입니다. 얼마 전에는 밤늦게까지 채팅을 하느라 손에 스마트폰을 들고 잠자리에 들더니 심지어 손에 그대로 쥔 채로 잠이 드는 것이었습니다.

친구들과 어떤 내용의 채팅을 하는지 슬쩍 봤더니 그리 중요한 이야기들도 아니었습니다. 아이들끼리의 쓸 데 없는 잡담과 의미 없는 농담이 전부였어요. 부모로서 제재를 하지 않으면 안 될 것 같은데 어떻게 훈육을 해야 할까요?

뚝딱이 아빠 김종석 박사가 이야기하는…
이럴 땐 이렇게 해요~

어른들도 마찬가지지만 아이들이 스마트폰을 통해 가장 많이 이용하는 것이 바로 SNS입니다. 요즘에는 통화나 문자보다 일 대 일 대화나 단체 대화방을 통한 채팅을 많이 하는데, 특히 은지 또래의 아이들은 친구들과의 관계를 그 무엇보다 중요시하는 사회적 발달단계에 놓여 있기 때문에 채팅에 할애하는 시간이 길어지는 것처럼 보일 것입니다.

초등학교 고학년은 친구들과의 유대감과 그 집단 내에서 인정받는 것을 중시하고 자신의 자존감을 확인하는 시기입니다. 그래서 어른이 보기에는 쓸 데 없는 잡담을 하는 것 같아 보여도 아이의 삶에서는 큰 비중을 차지하는 활동일 수 있습니다.

이 시기의 아이들이 가장 두려워하는 것이 또래 집단에서의 소외감이나 왕따인데, 스마트폰 대화방에 참여하지 않으면 왕따를 당한다며 불안감을 호소하는 아이들도 있습니다. 또한 학교생활에서의 교우관계나 왕따 문제가 스마트폰 채팅방에 고스란히 반영되는 경우가 많기 때문에, 아이들의 잡담이라고 무시하기 전에 아이가 친구들과의 관계에서 무슨 일을 겪고 있는지 부모의 주의 깊은 관심과 이해가 필요하기도 합니다.

학년이 올라갈수록 아이들의 스마트폰 사용은 각종 학교폭력 문화와 결부되는 경향이 있습니다. 특히 중·고등학생들은 친구가 어떤 스마트폰 기종을 사용하느냐에 따라 존중하거나 무시하기도 하고, 스마트폰 때문에 일탈행위를 저지르기도 하며, 소위 '일진' 인 아이들이 스마트폰을 매개로 다른 아이들을 괴롭히기도 합니다. 예를 들어 일진인 아이가 '왕따' 인 아이에게 데이터를 무제한으로 쓸 수 있는 고가의 요금제를 들게 한 다음 그 아이의 스마트폰을 이용해 인터넷을 마음대로 쓰는 등, 어른들로서는 미처 상상하기도 어려운 방법의 금전적 폭력을 행사하는 것이죠.

스마트폰 상용화로 인해 아이들의 교우 문제도 점점 교묘하고 복잡해지고 있는 셈입니다. 이러한 스마트폰 또래문화가 이미 초등학교 때 시작되는 추세이기 때문에 부모의 관심이 더욱 요구됩니다.

부모가 '스마트'하게 관리하자

은지의 스마트폰 사용 습관을 훈육하기 위해서는 일방적으로 야단을 치거나 스마트폰을 압수하는 것보다는 아이가 어떤 이유로 잠자리에서 스마트폰을 놓지 못했는지, 요즘 교우관계에서 문제는 없는지 등등 아이의 근황에 대해 먼저 충분히 대화를 해보아야 합니다. 그런 다음에는 아이가 납득할 수 있는 규칙을 정하는 것입니다.

첫째, 저녁 몇 시 이후로는 스마트폰의 전원을 끄고 집안의 특정 장소에 두는 규칙을 정해 보세요.

자기 전의 스마트폰 사용이 수면을 방해하는 것은 아이나 어른이나 마찬가지이므로, 스마트폰을 들고 잠자리에 드는 버릇은 반드시 초반에 고칠 수 있도록 부모님이 지도해야 합니다.

몇 시 이후로 전원을 끌 것인지, 전원을 끈 스마트폰을 어디에 보관할 것인지는 부모가 일방적인 강압에 의해 정하지 말고 아이와 함께 합의해서 정하는 것이 좋습니다. 이때 아이의 스마트폰 사용만 일방적으로 금지하는 것은 아이로 하여금 불공평하다는 생각을 갖게 할 수 있으므로, 가급적이면 부모님도 각자의 휴대폰을 들고 와서 아이와 함께 전원을 끄는 것이 좋습니다. 어떤 규칙이건 아이에게만 명령하는 것보다 부모가 먼저 모범을 보이는 것이 훨씬 더 설득력을 갖게 마련이니까요.

가족 구성원 모두가 매일 저녁 일정 시각에 휴대폰 전원을 다 같이 끈 다음, 식탁이나 현관 등 특정 장소에 바구니를 두고 그 안에 휴대폰들을 한데 모아두는 것입니다. 아이의 스마트폰 사용에 대해서만 제재를 가하는 것보다 가족 모두가 동참하는 것이 교육적 효과가 더 높습니다.

둘째, 스마트폰 중독을 방지하는 다양한 애플리케이션을 활용해 보세요.
요즘에는 미리 설정한 시간에 잠금 모드를 실행하는 앱을 비롯해 부모님이 아이들의 스마트폰 사용을 관리할 수 있는 방법을 얼마든지 찾을 수 있습니다.

셋째, 아이의 친구 관계에서 어떤 일이 일어나고 있는지 늘 관심을 기울이고 아이의 이야기를 주의 깊게 들어주세요.

누구랑 친하게 지내고 있고 누구랑 다퉜는지, 친구들 사이에서 왕따 문제는 없는지, 서운하거나 상처받은 일은 없었는지 들어주세요. 부모와 마음을 터놓고 대화를 하는 습관이야말로 아이의 원만한 사회적 성장을 도울 것입니다.

[tip] 없으면 불안하다! 어른들도 심각한 스마트폰 중독증

지하철이나 버스를 타도, 길거리에서도, 대다수의 어른들이 자기 손 안의 스마트폰만 들여다보는 광경이 이제는 너무나 흔해졌습니다. 저녁에 식구들이 모여서도 TV는 TV대로 틀어놓은 채 각자 스마트기기를 들여다보고, 젊은 사람들은 친구들이나 연인끼리 만나도 대화를 하는 것이 아니라 스마트폰을 봅니다. 심지어 명절에 친척이 모여도 각자 스마트폰만 보고 있는 집도 있습니다. 언제 어디서나 고개를 숙인 '묵념' 자세로 스마트폰을 보고 있는 요즘 세태를 지적한 공익광고가 눈길을 끌기도 했습니다.

스마트폰 이용자의 과반수는 아무 목적과 필요성도 없이, 특별한 이유가 없는데도 불구하고 습관적으로 스마트폰을 확인한다고 합니다. 손에 스마트폰이 만져져야 안심이 되고, 스마트폰이 안 보이거나 깜빡 잊고 집에 두고 나온 날은 하루 종일 좌불안석이 되어 불안해합니다. 그런데 막상 집에 가서 확인하면 딱히 중요한 연락이 온 것은 아니어서 허탈해 하기도 합니다.

대중교통으로 이동을 하는 도중에도 요즘 사람들은 책 대신 스마트폰을 봅니다. 그 시간 동안 하는 일이란 뉴스를 검색하거나 동영상을 보거나 지인과 채팅을 하는 일이 거의 전부입니다. 업무상 꼭 필요해서 급하게 이메일을 확인하는 경우도 있겠지만, 사실 대다수의 사람들은 별 의미 없이 스마트폰을 만지작거린다고 합니다.

이러한 현상을 네트워크 접속 중독증이라고 일컫기도 하고, '노모포비아 (nomophobia=no mobilephone phobia)' 즉 휴대폰이 없을 때 느끼는 공포심이라고 부르기도 합니다. 연령이 내려갈수록 증세가 심해진다고 하는데, 스마트폰을 사용한 기간이 오래 되지 않은 어른들조차도 순식간에 중독 증세를 보이는 경우가 많습니다.

분명 스마트폰은 우리 삶을 편리하게 만들어준 것이 사실입니다. 하지만 편리함을 넘어 의미 없는 노예가 되어버린 우리 자신의 모습을 되돌아볼 필요는 있을 것입니다.

스마트폰 때문에
아이와 안 싸우는 날이 없어요

　윤재(4학년, 남)는 스마트폰이 생기기 전까지는 아무 문제가 없는 아이였습니다. 부모 말도 잘 들었고 학교와 학원 숙제도 잘 했습니다. 스마트폰을 사준 것도 아이가 안전하게 등하교를 하는지를 체크하고 혹시 모를 상황에 대비해 바로바로 아이와 연락을 취하기 위한 것이었지 그 외의 용도로 쓰게 할 생각은 없었어요.

　그런데 얼마 전에 아이의 스마트폰 사용 요금이 갑자기 많이 나와 기절할 정도로 놀랐습니다. 아이를 다그쳐 물어보았더니 처음에는 우물쭈물하던 아이가 결국 이실직고를 했어요. 이유인즉슨 스마트폰으로 게임과 인터넷을 하느라 그랬고, 요금이 그렇게 많이 나올 줄은 몰랐다는 것입니다.

　너무 화가 나서 아이를 야단쳤습니다. 다음에 또 이런 일이 발생하면 휴대폰을 압수할 거라고도 말했습니다. 요금제도 바꿔주고, 아이가 집에 와서도 스마트폰을 과하게 사용하고 있지 않은지 수시로 신경을 썼습니다.

그러다 보니 잔소리가 저도 모르게 늘어나고, 그때마다 아이가 짜증을 내는 횟수도 늘어나는 것이었습니다. 밥을 먹으라고 여러 번 말해도 스마트폰을 보느라 정신이 팔려 있는 아이에게 저도 모르게 버럭 소리를 지르곤 했습니다.

아이와의 갈등 때문에 저도 지치고 아이도 힘들어합니다. 차라리 아이에게서 스마트폰을 압수하고 해지하는 것이 나을까요?

뚝딱이 아빠 김종석 박사가 이야기하는…

이럴 땐 이렇게 해요~

지금의 젊은 부모님들은 아날로그에서 디지털로 전환되는 과도기를 거쳐 온 세대입니다. 지금은 각종 스마트기기를 능숙하게 사용하겠지만 태어난 것은 아날로그 시대였고 성장하면서 컴퓨터와 인터넷, 휴대폰, 그리고 각종 스마트기기를 차례로 접하게 된 것이죠. 반면 요즘 아이들은 글자를 알기도 전에 돌만 지나도 스마트폰을 접하는 시대에 태어났습니다. 편리한 도구가 아니라 삶의 당연한 일부로 인식하는 것이죠.

이러한 인식 차이 때문에 많은 가정에서 스마트폰으로 인한 부모와 자녀 간의 갈등이 빚어지고 있습니다. 부모들은 아이들이 스마트폰을 제한적으로 사용하게끔 훈육하려 하고, 아이들은 좀 더 자기가 원하는 만큼 사용하려 듭니다. 부모들은 아이들이 책을 멀리하고 스마트폰만 붙들고 있는 것이 못마땅하고, 아이들은 간편하고 즉각적인 스마트기기를 마음껏 갖고 놀면 왜 안 되는지 납득하지 못합니다. 그러다 보니 부모와 자녀 간에 스마트폰 사용을 두고 티격태격 갈등을 겪는 가정이 점점 늘어납니다.

그렇다고 해서 아이들이 원하는 만큼 스마트폰을 사용하게 방치하는 것을 올바른 교육이라고 생각할 부모는 아무도 없을 것입니다. 아직 자기 통제력이 부족할 수밖에 없는 어린 아이들이 스마트폰에 너무 빠지게 되면 중독증과 두뇌발달 저하는 물론이고 인성에도 안 좋은 영향을 끼칩니다.

실제로 스마트폰은 인간관계와 대인관계에 부정적인 영향을 끼칩니다. 또래친구 및 가족과 대화하고 어울리며 건강한 사회성을 배워야 할 아이들을 손 안의 작은 화면 속에 고립시키는 결과를 낳습니다. 가족 간의 대화와 교류가 스마트폰 때문에 줄어들 뿐만 아니라 아이들은 타인과 감정을 교감하고 상호작용하는 능력을 미처 배우지 못한 채 성장할 수도 있습니다.

'스마트폰 안 쓰는 날'을 정하자

그런데 아이들의 스마트폰 남용을 야단치기 전에, 어쩌면 우리 어른들 자신의 모습부터 돌아봐야 하지 않을까요? 아이한테는 몇 시간 이상 사용하지 말라고 강요를 하면서 정작 부모님은 소파에 앉아 각자 스마트폰 삼매경에 빠져 있었던 적은 없었을까요? 혹은 늦은 밤 아이가 안 보는 곳에서 밤늦도록 스마트폰으로 게임을 하고 있지는 않았나요?

자녀는 부모의 거울이라고 합니다. 아이의 스마트폰 사용 때문에 부모 자식 간에 갈등을 겪은 적이 있었다면 부모님 자신의 생활습관과 가정의 분위기가 그동안 어땠는지부터 먼저 되돌아볼 필요가 있습니다. 그런 다음, 아이에게 일방적인 잔소리를 하는 것이 아니라 가족 구성원 전부가 생활습관을 개선할 수 있도록 가족회의를 여는 것입니다.

방법은 여러 가지가 있겠지만 부모와 자녀의 합의 하에 매주 하루를 정해 그날만큼은 스마트폰을 비롯한 미디어기기를 전혀 사용하지 않아보는 것도 하나의 아이디어가 될 수 있습니다. 그날은 아이와 부모 모두 공평하게 자신의 스마트폰 전원을 끄고, 독서나 놀이, 체험학습, 만들기 등 특정 활동을 하는 것입니다.

그 외에도 평소에는 아이가 스스로 납득할 수 있는 적정선을 정해 두고 지키게 도와주는 것이 좋습니다. 무조건 금지하기보다는 숙제를 하는 시간동안은 스마트폰을 꺼둔다든가, 게임 시간은 얼마 이하로 지킨다든가, 친구들과의 채팅 시간은 몇 시부터 몇 시까지로 제한하되 그 후 부모와의 대화 시간을 갖는다든가 하는 규칙을 스스로 지키게 습관을 들이는 것입니다. 무엇보다도 아이 입장에서 부당한 잔소리가 되지 않도록 부모가 먼저 모범을 보여야 한다는 것을 잊지 마세요.

[tip] 스마트폰이 ADHD를 유발할까?

　장시간의 스마트기기 사용이 아이들의 성장에 나쁜 영향을 끼친다는 연구결과가 다양하게 나오고 있습니다. 전 세계 인구의 스마트폰 상용화가 굉장히 빠른 시간동안 급속히 진행된 현상이기 때문에 아직도 밝혀지지 않은 숨은 문제점들이 더 많은 실정입니다.

　과도한 스마트폰 사용은 우선 아이들의 신체 성장발달에 유익하지 않다는 점에서 영유아를 둔 부모들의 각별한 주의를 요합니다. 전자파에 너무 가까이, 그리고 장시간동안 노출될수록 호르몬 교란 장애를 초래할 수 있고, 신체활동이 부족해 근육과 뼈가 약해지면 성장판에도 악영향을 끼치기 때문이지요.

　눈앞에서 영상물을 자주 볼수록 어린 나이에 시력이 급속히 나빠질 수 있고, 늘 고개를 숙이고 있는 자세 때문에 어린이들의 목 디스크를 유발하기도 합니다. 이는 아이들뿐 아니라 어른들에게도 해당되는 문제입니다.

스마트폰 과다노출은 정신장애를 악화시킨다

최근에는 아이를 달래기 위해, 혹은 책에 집중하지 못하는 아이를 집중시키기 위한 임시방편으로 스마트기기를 이용하는 부모들이 많습니다. 아무리 산만한 아이라도 스마트폰에는 오래 집중하기 때문이지요.

그러다 보니 생후 1년이 안 된 아기들이 스마트폰 영상을 접하는 경우가 늘어나고 있고, 5세 미만 영유아의 대부분이 스마트기기 영상물에 노출되어 있습니다. 그리고 이 중에는 하루 사용 시간이 2시간을 넘을 정도로 방치되어 있는 아이들도 적지 않다고 합니다.

문제는 스마트기기 영상물을 매일 2시간 이상 접한 영유아 중 과반수가 언어발달 지연 문제를 겪는다는 점입니다. 이런 아이들은 또래에 비해 말이 늦거나, 영상물에서 보고 들은 말이나 행동을 무의미하게 되풀이하는 이상행동을 보이기도 합니다. 부모와 눈을 잘 맞추지 않거나 다른 사람에게 무관심하고 스마트폰이 아닌 것에는 흥미를 전혀 보이지 않기도 합니다.

소아정신과 전문의들의 견해에 따르면 영유아들이 스마트기기 영상에 과도하게 몰입하기 시작하면, 새로운 자극이 없는 상황을 못 견뎌 한다고 합니다. 그래서 이 시기에 발달해야 할 인지능력과 학습능력이 떨어지는 것은 물론이고, 자폐증이나 ADHD 등 다양한 정신장애 발현에 영향을 끼치거나 증상을 악화시킬 수 있다는 것입니다.

ADHD의 유일한 원인이 스마트폰이라고 할 수는 없을 것입니다. 하지만 아이들의 정신에 건강하지 못한 영향을 끼친다는 증거들이 속속 드러나고 있는 것만은 분명해 보입니다. 평소 산만하거나 ADHD인 아이들에게 있어 스마트기기나 게임에 중독되는 것은 마치 뜨거운 기름에 불을 붙이는 것과도 같습니다.

[t i p] 온 가족을 위한 '디지털 디톡스' 어떻게 할까?

「디지털 홍수에 빠진 현대인들이 각종 전자기기 사용을 중단하고 명상, 독서 등을 통해 몸과 마음을 회복시키자는 것을 말한다. 즉, 단식으로 몸에 축적된 독소나 노폐물을 해독하듯이 스마트기기 사용을 잠시 중단함으로써 정신적 회복을 취한다는 것이다. 스마트폰의 경우 무절제하게 사용하면 기기에서 발생되는 전자파로 뇌에 안 좋은 영향이 미칠 뿐 아니라 중독현상으로 인한 불안감에 시달린다. 이와 같은 디지털 기기에 대한 중독성을 줄여보자는 취지의 활동이나 관련 상품이 '디지털 디톡스' 이다.」

- '디지털 디톡스' 〈시사상식사전 / 박문각〉 중에서

지난 2012년 하반기에 한국인터넷진흥원과 방송통신위원회에서 12~59세의 스마트폰 이용자 4000명을 대상으로 한 '스마트폰 이용 실태 조사' 결과에 따르면 스마트폰 이용자 중 무려 77.4%가 '특별한 이유 없이 스마트폰을 자주 확인한다.' 고 답했다고 합니다. 또 과반수의 이용자가 자기 전에 혹은 잠에서 깨자마자 스마트폰부터 확인한다고 합니다. 3명 중 1명은 스마트폰이 없을 때 불안감을 느끼며, 친구나 가족과 함께 있을 때도 계속 스마트폰만 이용한 적이 있습니다. 정보통신정책연구원에 따르면 우리 국민의 하루 평균 스마트폰 이용 시간은 66분인데, 전체 이용자 10명 중 3명 꼴로 스마트폰 때문에 일상생활에 지장을 받는다고 호소합니다.

스마트폰 이용자가 3천만 명을 넘어서면서 스마트폰과 태플릿PC 등 각종 스마트기기에 대한 디지털 중독 증상은 이미 사회 전반의 문제가 되어버렸습니다. 많은 부모들이 아이들의 휴대폰 사용에 대해 야단을 치지만 그보다 더 심각한 중독증에 시달리고 있는 것은 바로 어른들입니다. 이로 인한 피로감 때문에 최근에는 채팅 프로그램

이나 게임 기능이 없는 2G 휴대폰으로 되돌아가기는 사람들도 소수 있습니다.

스마트폰으로 인한 대화 부재와 부모, 자녀 간의 갈등 문제를 해결하기 위해서는 자녀교육 차원보다도 온 가족이 동참하는 디지털 디톡스를 실천해 봅니다.

1. 스마트폰 중독 방지 애플리케이션을 깔아두고 사용 시간을 어른은 하루 2시간, 아이들은 하루 1시간을 넘기지 않도록 설정합니다.

2. 저녁이면 식구들의 합의 하에 시간을 정해두고 그 시간이 되면 휴대폰을 무음 모드로 하거나 전원을 꺼서 일정한 장소에 한꺼번에 모아두고 아침에 확인합니다.

3. 일주일에 하루 정도는 디지털 기기 안 쓰는 날을 정해 가족이 함께 할 수 있는 독서 활동이나 취미활동을 즐깁니다.

2장

자나깨나
오직
컴퓨터 게임만 해요

어느 시대에나 아이들은 놀이를 좋아하고 게임을 즐기는 것이 당연했다.
컴퓨터가 상용화되기 이전 세대의 아이들도 오락실 게임기나 비디오게임에
몰두하여 어른들의 꾸중을 들으며 자라기도 했다.
그러나 집집마다 퍼스널 컴퓨터를 사용하게 되면서, 컴퓨터를 활용한 게임은
예전의 게임과는 성격이 많이 달라졌다. 컴퓨터게임 특유의 강력한 중독성이
단지 아이들의 놀이 수준을 넘어 마약이나 알코올 중독 못지않은 폐해와 사회
문제를 야기하고 있기 때문이다. 어려서부터 컴퓨터를 접할 수밖에 없는 환경
의 아이들을 중독에서 구하고 건강하게 키우기 위해서는 어떻게 해야 할까?

컴퓨터를 하게
해달라고 떼를 써요

　송이(5세, 여)가 처음 컴퓨터에 익숙해진 건 3살 무렵부터였어요. 저와 남편이 인터넷 검색과 메일 확인을 위해 컴퓨터를 사용할 때마다 옆에 와서 놀아달라고 졸랐고 자연스럽게 모니터 화면에 호기심을 보였지요.

　참으로 신기하게도 아이에게 마우스 사용법을 따로 가르쳐준 기억이 나지 않는데 아이는 언제부턴가 마우스를 자유자재로 사용할 줄 알고 있었습니다. 손을 움직여 커서를 움직이게 할 줄도 알고 클릭도 하는 것이었어요. 우리 부부는 그 모습을 무척 신통해 하면서 아이가 컴퓨터 천재일 지도 모른다고 농담을 한 적도 있었습니다.

　아이가 컴퓨터를 사용할 줄 아는 것이 해가 될 거라는 생각은 해보지 못했습니다. 때로는 컴퓨터 앞에 앉아 아이를 무릎에 앉혀 놓은 채로 메일을 확인하거나 인터넷 서핑을 하기도 했어요. 칭얼거릴 때면 아이가 좋아하는 만화 동영상이나 유아용 게임 프로그램을 켜줬는데 자기가 좋아하는 영상만 나오면 모니터를 뚫어져라 처다보며 조용히 집중하곤 했습니다.

　그런데 점차 엄마, 아빠가 컴퓨터를 하지 않을 때에도 자기가 하겠다며 졸라댑니다. 컴퓨터를 켜 달라고 징징거리고, 요구를 들어주지 않으면 떼를 쓰기도 합니다. 어쩔 수 없이 컴퓨터를 켜주고 좋아하는 화면을 틀어주면 곧바로 잠잠해져요. 떼를 쓰는 횟수도 늘어나고 컴퓨터를 사용하는 시간도 점점 늘어나서 걱정이 되는데 해결책이 없을까요?

뚝딱이 아빠 김종석 박사가 이야기하는…
이럴 땐 이렇게 해요~

　2011년 행정안전부에서는 5세 유아에서 49세 성인까지 1만여 명을 대상으로 인터넷 중독률에 대해 조사를 실시했습니다. 그 결과 5세에서 9세까지 유아 및 어린이들의 인터넷 중독률(7.9%)이 성인(6.8%)보다 더 높게 나와 어린이들의 인터넷 및 컴퓨터 중독 현상이 점점 심각해지고 있음을 드러냈습니다. 또한 부모가 자녀교육에 투자할 여유가 적은 저소득층 가정보다 오히려 중산층 이상에 해당되는 가정의 아이들이 더 높은 중독률을 보인다고 합니다.

컴퓨터는 손가락을 움직이기만 하면 시각과 청각을 자극하는 그래픽과 음향을 즉각적으로 제공해주기 때문에 아이들도 마우스 조작법을 금세 익힙니다. 어른이 보기에는 이것이 신기해 보일 수도 있지만 아이들은 본능과도 같이 쉽게 습득하는 것을 볼 수 있습니다. 문제는 모니터를 통해 일방적으로 제공되는 자극을 얻어내려는 욕구가 커질수록, 유아들이 그 시기에 습득해야 할 다양한 성장발달과정을 놓친다는 점입니다.

부모의 컴퓨터 사용 시간부터 줄이자

스마트폰 중독이 그러하듯이 컴퓨터 중독도 인간의 인지능력 발달을 담당하는 전두엽에 나쁜 영향을 끼칩니다. 특히 5~6세 이전의 유아들은 모니터 속의 가상의 세계와 현실세계를 아직 잘 구분하지 못하기 때문에, 컴퓨터 화면에서 펼쳐지는 화려하고 자극적인 세상이 계속되기를 점점 더 원하게 됩니다.

유아들은 본능 충족 욕망이 강하고 세상을 자기중심적으로 인지하기 때문에 컴퓨터를 끄거나 태블릿PC를 빼앗으면 울음을 터뜨리고 떼를 쓰기도 합니다. 이때 부모가 훈육습관을 잘못 들인 아이일수록,

그리고 어린 나이부터 컴퓨터게임을 접한 아이일수록 통제하기가 어려워집니다. 발버둥 치며 울다가 구토를 할 정도로 떼를 쓰는 아이를 보며 젊은 부모들은 당황하게 마련이지요. 아이를 달래기 위해 다시 컴퓨터를 켜주기도 하는데 이 습관이 고착화되는 순간 아이의 중독이 본격화됩니다. 심한 경우 몇 시간씩 꼼짝 않고 앉아 화면만 쳐다보고 있는 경우도 있습니다.

한 예로 컴퓨터 중독 및 ADHD 진단을 받은 6세 아이의 사례가 있었는데 이 아이가 3세 이전부터 컴퓨터 게임을 하게 된 원인은 아빠에게 있었습니다. 아빠가 폭력적인 컴퓨터게임을 광적으로 즐기는 마니아라 매일 컴퓨터 앞에 앉아 게임을 했는데, 이때 아이를 돌보기 위해 무릎에 앉힌 채로 게임을 했다는 것입니다. 컴퓨터 화면만 보면 아이가 울음을 그치니 아이를 쉽게 달래려고 무릎 위에 계속 앉혀 놓았고, 결과적으로 아이는 3세 때부터 파괴적인 전투 영상과 총성이 난무하는 컴퓨터게임에 중독되었습니다. 하루라도 컴퓨터 게임을 보여주지 않으면 떼를 썼을 뿐만 아니라 매우 난폭한 아이로 자라, 맘에 안 들면 물건을 집어던지고 괴성을 지르기도 하고 엄마, 아빠를 마구 때리기도 했습니다.

이런 극단적인 경우가 아니더라도 아이가 3세 이전부터 컴퓨터에 익숙해져 있었다면 그 원인은 반드시 부모에게 있습니다. 엄마, 아빠가 컴퓨터 앞에 앉아있는 모습을 자주 접할수록 아이는 그 모습을 모방하고 싶어 합니다. 그때 이미 중독의 빌미를 주는 것이죠. 따라서 부모가 컴퓨터를 하는 모습은 가급적 안 보게 하고, 부모도 의식적으로 사용 시간을 줄이는 것이 좋습니다.

뛰어노는 기쁨을 아는 아이는 게임에 중독되지 않는다

컴퓨터를 껐을 때 아이가 떼를 쓰는 정도가 심할수록 아이의 일상생활, 어린이집이나 유치원에서의 생활은 정상적이지 않을 것입니다. 이런 경우에는 유아 컴퓨터중독일 가능성이 높으므로 전문 상담 기관의 도움을 빨리 받는 것이 좋습니다.

컴퓨터 상용화와 생활의 디지털화로 인해 아이들에게서 컴퓨터의 존재를 아예 차단하기는 현실적으로 불가능할지도 모릅니다. 하지만 밖에서 뛰어노는 즐거움, 온몸으로 노는 기쁨이 뭔지 알아버린 아이들은 커서 게임을 하게 되더라도 중독에 빠질 확률이 훨씬 적고 부모의 통제도 훨씬 수월해지며 자기 자신을 자제할 줄 아는 능력도 커집니다.

아이의 관심을 컴퓨터에서 떼어내고 건강한 어린 시절을 보내게 할 수 있는 가장 좋은 방법은 충분한 육체활동과 야외에서의 놀이시간을 되도록 자주 길게 갖게 하는 것입니다.

햇볕을 많이 쬐게 하고 땀을 많이 흘릴 수 있는 활동을 자주 할수록 게임 생각을 잊게 됩니다. 집 근처에서 쉽게 할 수 있는 공놀이도 좋고, 가파르지 않아 아이들도 얼마든지 오를 수 있는 산행이나 등산도 괜찮습니다. 새로운 환경에서 자연을 만끽할 수 있는 여행의 기회도 종종 갖게 해주세요. 몸을 많이 움직이게 할수록 두뇌가 고루 발달하고 정서와 인지능력, 집중력이 발달할 것입니다.

컴퓨터는 좋아하는데
책은 싫어해요

정현이(8세, 남)에게 컴퓨터를 사용하게 한 것은 어디까지나 교육 목적이었습니다. 학교에 들어가기 전에는 유아들을 위한 한글 및 영어교육용 프로그램과 DVD를 자주 틀어주었는데 아이가 매우 즐거워 하였고 학습 효과도 큰 것 같았습니다.

요즘에는 어린이를 위한 교육용 프로그램이 워낙 다양하고, 영어책을 구입해도 동영상 DVD가 첨부되어 있는 경우가 많아요. 멀티미디어를 활용한 교육은 부모인 제 눈에도 매우 매력적으로 보였습니다.

무엇보다도 아이가 흥미를 보이고, 스스로 마우스를 클릭하며 한글과 영어를 익히는 모습이 기특하기만 했어요. 제가 바빠서 아이를 옆에서 봐줄 수 없을 때에도 교육용 동영상이나 프로그램을 실행시켜 주기만 하면 아이 스스로 오랜 시간 집중하며 영어노래도 따라 부르고 단어 게임도 즐기게 되었습니다. 클릭만 하면 원어민 발음이 나오고 마치 게임 하듯이 놀면서 익힐 수 있으니까요. 그걸 보며 요즘 아이들은 공부를 즐기면서 할 수 있는 방법이 많으니 세상 참 좋아졌다고 생각했습니다.

그런데 컴퓨터 앞에서는 몇 시간이고 집중할 수 있는 정현이가 책 보는 것은 별로 좋아하지 않아요. 같은 내용의 동화라도 책으로 보는 것은 지루해하고 몸을 배배 꼬며 딴 짓을 하는데, 동일한 내용의 애니 메이션 동영상으로 보여주면 금방 눈이 반짝거립니다. 책상 앞에 앉아 책을 펴고 학교 숙제를 하는 것도 힘들어하고, 비싼 돈을 들여 마련해준 학습동화 전집에도 관심을 안 보여 먼지가 쌓일 지경입니다.

컴퓨터를 틀어줘야 집중하고 종이책은 싫어하는 우리 아이, 이대로 둬도 괜찮을까요? 컴퓨터를 활용한 학습은 좋아하니 그나마 다행인 걸까요?

뚝딱이 아빠 김종석 박사가 이야기하는…
이럴 땐 이렇게 해요~

최근 미국의 소아과 학회에서는 어린 아이들이 만 6세가 되기 전까 지는 컴퓨터 사용을 가급적 하지 말게 할 것을 권고했다고 합니다. 하 지만 이 권고사항을 수긍할 부모가 많지는 않을 것 같습니다.

현실적으로 요즘 대부분의 아이들은 이미 5~6세만 되어도, 혹은 그 이전에 컴퓨터에 익숙해지는 경우가 많습니다. 더구나 데스크톱 컴퓨터에서 노트북, 노트북에서 태블릿PC 등 컴퓨터 자체의 휴대성이 좋아지면서 어린 아이들이 휴대폰만큼이나 컴퓨터도 손쉽게 접하고 조작할 수 있게 되었습니다. 멀티미디어 기기의 이러한 특성을 발 빠르게 적용한 분야가 바로 어린이교육시장이기도 하죠.

  어린이들이 책을 멀리하게 된 현상은 어쩌면 어제 오늘의 문제는 아닙니다. 예전에는 게임기와 비디오게임이 폭발적인 인기를 끌면서 아이들의 생활의 중심을 차지했는데, 그때에도 부모와 전문가들은 아이들의 게임중독을 우려했습니다. 아이들이 가장 갖고 싶어 하는 선물 1순위가 바로 게임기였으니까요.

  그런데 예전의 게임기와는 비교할 수 없을 정도로 접근성과 편리성이 탁월해진 것이 바로 컴퓨터입니다. 어떻게 보면 요즘의 일반적인 가정환경 자체가, 아이들로 하여금 컴퓨터 게임 중독에 빠지게 하는 최적의 환경이라 할 수 있습니다. 왜냐하면 집집마다 컴퓨터가 있을 뿐더러 아이들이 한글이나 영어를 익히는 학습 프로그램의 대부분이 게임 형식으로 제작되어 있기 때문입니다.

  글자를 배울 때부터 이미 게임의 방식으로 컴퓨터를 다루게 된 아이들이 이내 다양한 게임에 노출되고 중독에 빠지는 것은 이미 예견된 수순일지도 모릅니다. 어릴 때부터 게임에 익숙해질 수밖에 없게 가르쳐놓고는, 정작 더 수준 높은 게임은 하지 말라며 엄마, 아빠가 야단을 치니 아이들 입장에서는 도무지 납득이 안 될 수도 있습니다.

컴퓨터에 대한 집중력은 진정한 집중이 아니다

아이들이 컴퓨터를 오랜 시간 보고 앉아 있는 것이 부모가 보기에는 마치 집중하는 것처럼 보일 수도 있습니다. 그런데 사실 게임은 시청각적 자극을 일방적으로 주는 것이기 때문에 학습을 할 때의 집중력을 전혀 요구하지 않습니다. 즉 아이가 집중을 하고 있는 것이 아니라 오히려 집중력을 놓아버리고 있는 상태에 가까운 거죠.

또한 아무리 학습용이라 하더라도 컴퓨터 게임을 할 때의 집중력은 본격적인 의미의 학습이나 생활로 연결되지는 않습니다. 컴퓨터를 이용한 학습에 너무 치중하다 보면 아이의 두뇌가 제한된 자극에만 익숙해져 책을 통해 생각하는 것을 낯설고 어렵게 느낍니다. 문자를 해독하고 머릿속으로 생각이라는 것을 하여 자기의 지식으로 만들어가는 진정한 의미의 학습과정, 그리고 이 과정을 통해 자기만의 창의적인 생각을 하는 과정 자체가 컴퓨터 게임에 비해 길고 복잡하고 지루하게 느껴지는 것이 당연합니다.

컴퓨터학습은 반드시 부모와 함께

부모들이 아이의 컴퓨터학습을 신뢰하는 이유는, 거의 모든 아이들이 컴퓨터에만큼은 집중하는 것처럼 보이기 때문입니다. 책도 싫어하고 다른 것에는 집중을 잘 못하는데 컴퓨터 게임 화면 앞에서는 꼼짝 않고 앉아 있으니까요. 그래서 이런 이야기를 합니다.

"우리 애가 집중력은 있는 것 같아요."

그런데 부모가 느낀 아이의 집중력이 사실은 집중력이 아니기 때문에, 아이를 방치하면 할수록 아이는 컴퓨터 중독에만 빠질 뿐 사고력과 집중력은 점점 떨어지게 됩니다. 그리고 게임을 하고 싶은 욕구를 아이 자신도 자제하지 못하고 부모도 더 이상 통제하지 못하는 수준에 이릅니다.

시중에 나와 있는 각종 교육프로그램이나 DVD, 인터넷 사이트 등은 적절히 잘 활용하면 아이들의 흥미를 돋우고 학습효과를 높이는 데 도움을 줍니다. 단, 부모의 세심한 관리와 관찰이 동반되지 않는다면 학습 목적이었던 컴퓨터 게임에서 학습의 의미가 사라지고 게임에만 익숙해지는 것은 순식간입니다.

아이에게 학습용 컴퓨터 프로그램을 보여줄 때는 아이 혼자 보게 하는 것보다 반드시 부모가 옆에서 함께 보면서 챙겨주는 것이 좋습니다. 또한 학습 시간도 아이의 연령대에 따라 다르겠지만 30분에서 1시간 이내로 제한하도록 합니다. 아무리 학습 목적으로 제작된 프로그램이라 할지라도 아이 혼자 몇 시간씩 보게 하는 것은 더 이상 학습이 될 수 없음을 알아두어야 합니다.

[tip] 컴퓨터 게임이 두뇌 불균형을 초래하는 이유

컴퓨터 게임이나 동영상이 활성화시키는 것은 좌뇌와 우뇌 중 좌뇌 쪽입니다. 강렬하고 일방적인 시각적, 청각적 자극을 좌뇌가 받아들이는데 그동안 우뇌는 거의 자극을 받지 않고 쉬고 있습니다. 즉 게임을 하기 시작하는 순간부터 좌뇌와 우뇌 활동의 균형이 깨지는 셈입니다.

좌뇌와 우뇌의 균형이 깨지면서 제일 먼저 영향을 받는 것은 우리 몸의 자율신경 조절 능력입니다. 자율신경이 교란되면서 교감신경은 비정상적으로 흥분되는 반면 부교감신경은 평소보다 억제되는데, 이렇게 되면 심리적으로 불안하고 초조해하며 별것 아닌 일에도 쉽게 흥분하거나 화를 낼 수 있습니다. 감정의 기복도 들쑥날쑥해지고 충동을 조절하기도 어려워져 자기 자신도 모르게 돌발행동을 하게 되기도 합니다. 또한 한 가지에 대한 집중력과 주의력도 떨어집니다.

컴퓨터 게임을 많이 하는 아이들이 정서가 불안하고 화를 잘 내며 소리를 지른다든가 물건을 던진다든가 하는 폭력적 양상을 보이는 것은 이처럼 좌뇌와 우뇌의 불균형으로 인한 교감신경, 부교감신경의 교란 때문이라 할 수 있습니다. 이로 인해 현실감각을 잃어버리고 가상의 세계를 실제 세계로 착각하기도 합니다.

국내의 한 교육 연구소에서 유아들 1천여 명을 대상으로 조사한 결과에 따르면, 어릴 때 소꿉놀이나 그림 그리기, 그림책 읽기 같은 놀이를 많이 한 어린이들일수록 창의성 지수가 높게 나왔습니다. 반면 유아기 때부터 컴퓨터 게임을 익숙하게 접하고 즐긴 아이들일수록 창의성이 낮게 나왔습니다. 오감을 통해 세상을 경험하고 생각의 싹을 무한히 틔워야 할 시기에 컴퓨터 게임에 익숙해진 아이들은 수동적 자극만 받기를 원할 뿐 독창적인 사고를 할 기회를 잃어버립니다.

집에 오자마자 게임하느라 숙제도 안 하고 늦잠을 자요

남매 중 막내인 슬기(10세, 여)가 컴퓨터 게임에 빠져 있다는 사실을 처음 알게 된 건 담임선생님으로부터 아이가 숙제를 잘 안 해온다는 이야기를 듣고 나서입니다.

알고 보니 엄마인 저한테는 숙제를 다 했다고 거짓말을 한 거였더군요. 하루는 날을 잡아 휴가를 내고 종일 집에 있으면서, 아이가 자기 방에 들어가 뭘 하는지를 슬쩍 봤습니다. 그랬더니 책가방은 바닥에 팽개쳐 놓은 채로 이미 컴퓨터 게임에 정신이 팔려 있는 거예요. 최근 들어 아침에 일어나기 힘들어하고 눈이 충혈된 날이 많아진 것도 알고 보니 컴퓨터 게임을 하느라 밤늦게까지 잠을 못 자서였습니다. 아이가 컴퓨터게임에 빠져 있다는 것, 그리고 숙제를 다 했다고 아무렇지 않게 거짓말을 해오고 있었다는 사실에 충격을 받았습니다. 처음에는 좋게 타이르면서 집에 와서 게임부터 하지 말고 숙제를 먼저 한 다음 게임을 하라고 주의를 주었습니다. 아이는 건성으로나마 알았다고 대답을 했지만 대답을 하고 나서도 방에 들어가면 곧장

다시 컴퓨터 앞에 앉았습니다. 좋은 말로 타이르던 것이 잔소리가 되고, 어느덧 저는 전업주부 엄마들처럼 늘 옆에 있어주지도 못하면서 잔소리만 하는 엄마가 되어 있었습니다.

　아이의 게임 중독, 남의 집 이야기인 줄만 알았어요. 안 그래도 맞벌이를 하느라 항상 힘들고 아이들에게도 자격지심이 있었는데 이제부터 어떻게 훈육을 해야 할지 막막합니다.

뚝딱이 아빠 김종석 박사가 이야기하는…

이럴 땐 이렇게 해요~

　아이가 컴퓨터 게임에 푹 빠져 있는 가정의 경우 대부분 비슷한 현상이 나타납니다. 부모는 강압적으로 야단을 치거나 잔소리를 하고, 아이는 부모가 안 볼 때 어떻게 해서든 게임을 하려고 하며, 게임으로 인한 흐트러진 생활 때문에 학교 숙제를 제대로 못하거나 아침에 늦잠을 자 지각을 하는 등 기본적인 것들이 삐걱거리기 시작합니다. 그럴수록 부모의 잔소리는 잦아지고, 잔소리가 심해질수록 아이의 짜증도 늘어가지요. 심지어 당장의 꾸중을 모면하기 위해 부모에게 거짓말을 하기 시작하고 거짓말에 대한 죄책감도 점점 없어집니다.

부모가 맞벌이라 자녀에게 관심을 많이 갖지 못하는 경우도 있지 만, 엄마가 전업주부라 할지라도 부모와 자녀 간의 대화와 소통이 단 절된 분위기의 가정이라면 아이는 얼마든지 부모의 눈을 피해 게임 에 몰두할 가능성이 있습니다.

　무엇보다 중요한 것은 아이의 심리상태를 부모가 알고 있느냐입니 다. 생활에 지장을 줄 정도로 게임에 빠진 아이들의 내면을 잘 들여다 보면 부모로부터 사랑받지 못하고 있다고 느끼거나, 소외감을 느끼 거나, 학교생활 및 교우관계에 문제가 있는 경우가 대부분입니다.

아이가 어떤 게임을 하는지 관심을 갖자

　슬기는 부모님과 소통의 시간을 별로 갖지 못한 채 게임이라는 자 기만의 세계에 빠져 있는 것 같습니다. 이런 경우 대부분의 부모님들 은 아이가 게임에 몰두하는 것 자체만 가지고 야단을 치거나 화를 내 는 경우가 많습니다. 하지만 이럴 때 아이에게 가장 필요한 것은 통제 와 꾸중이 아니라 부모의 따뜻한 관심입니다. 그동안 아이가 부모로 부터 사랑받고 있다고 느끼지 못했을 것이고 외로움으로 인해 마음 의 문을 닫았을 것입니다.

관심이란 거창한 게 아닙니다. 우선 이 생각부터 해 보는 겁니다.

'우리 애가 그토록 좋아하는 게 대체 어떤 내용의 게임인가?'

즉 아이가 자기 할 일도 잊어버릴 정도로 삼매경에 빠진 게임이 어떤 게임인지, 왜 좋아하는지 부모도 알 필요가 있다는 것입니다.

예쁜 캐릭터가 나오는 게임을 좋아하는지, 그 캐릭터의 의미는 무엇인지에서 이미 아이의 취향을 엿볼 수 있습니다. 게임에도 다양한 종류와 방식이 있는데 놀랍게도 아이가 선호하는 게임에 그 아이의 적성과 성향이 반영되는 경우가 많습니다. 건물을 짓고 설계를 하는 게임을 좋아한다면 공간 감각이 뛰어난 아이일 테고, 전투 게임을 좋아하는 아이라면 순발력과 성취욕이 높을 것이며, 스포츠 시합 게임을 즐기는 아이라면 전략을 세우고 성취하는 걸 좋아하는 아이일 것입니다.

아이가 무슨 게임을 하는지 알게 된 다음에는 게임을 당장 그만 하라고 야단치기 전에 대화를 시도해볼 수 있을 것입니다.

"이건 어떻게 하는 거야? 되게 재미있겠는 걸? 엄마한테도 가르쳐 줄래?"

물론 아이가 처음에는 귀찮아하거나 시큰둥한 반응을 보일 수도 있습니다. 하지만 부모가 진심으로 다가가고 관심을 보이려 한다는 걸 알게 되면 아이도 머잖아 입을 열게 됩니다. 이렇게 아이의 마음을 연

다음에 아이에게 눈높이를 맞춰 훈육하는 것이 좋습니다.

"슬기가 하는 걸 보니 왜 그렇게 재미있어 했는지 엄마도 이해가 될 것 같아. 하지만 너무 게임만 하지 말고 숙제를 먼저 한 다음에 30분만 한다면 좋겠어. 그러면 선생님에게 야단도 맞지 않고 아침에도 일찍 일어날 수 있지 않을까?"

게임 시간을 정하고, 공부 외에 할 일을 주자

컴퓨터를 아이에게서 완전히 격리하는 것은 현실적으로 불가능할 수 있습니다. 또한 아이를 매 순간 옆에서 감시하는 것도 어려운 노릇입니다. 아이가 통제력을 갖게 하기 위해서는 우선 부모의 적절한 통제가 필요하되, 아예 게임을 못하게 막을 것이 아니라 절제할 수 있도록 현실적인 방법을 가르쳐주고 아이를 도와준다는 생각을 가져야 합니다.

첫째, 금지하지 말고 아이와 합의를 시도합니다. 일주일에 몇 번 할 것인지, 한 번 할 때 몇 분 동안 할 것인지 규칙을 만들되 반드시 아이와 함께 의논해서 약속을 정합니다.

둘째, 매일 30분보다 격일로 1시간이 낫습니다. 매일 조금씩 하는 방식은 오히려 중독성을 습관화시킬 수 있으므로 하루나 이틀 건너로 날을 정하는 것이 더 좋습니다. 그리고 약속한 날 약속한 시간에 게임을 하는 것은 야단치지 않습니다.

셋째, 규칙을 지키지 않았을 때에는 다음 번 게임 기회를 박탈하는 등 강한 제재를 가합니다.

넷째, 공부와 게임 외에 간단한 집안일을 의무로 부과합니다. '이번 주 식탁 정리는 슬기 담당'과 같이 할 일을 정해주어 아이로 하여금 집에 와서 공부와 게임 외에도 뭔가 중요한 역할을 담당하고 있다고 느끼게 해줍니다.

다섯째, 부모와 대화하는 시간을 정기적으로 만들고 그 시간을 좀 더 늘입니다. 맨 처음에는 아이가 좋아하는 게임을 매개로 이야기를 시작할 수 있을 것입니다. 그러다가 점차 아이의 요즘 기분이라든가 관심사로 대화 주제를 넓혀 부모가 아무리 바빠도 아이에게 애정을 쏟고 있음을 느끼게 해주세요.

[tip] 마약중독과 게임중독은 어떻게 다른가?

흔히 알콜중독이나 마약중독 못지않은 중독성을 지닌 것이 게임중독이라고 합니다. 자신의 의지로 통제가 안 되고 내성이 생긴다는 점, 금지했을 때 금단현상이 나타난다는 점에서 알콜, 마약, 담배에 대한 중독과 게임중독은 거의 비슷한 양상을 보입니다. 정상적인 뇌기능에 문제가 생겨 초래되는 것이 바로 중독 증상입니다. 쾌락을 제공하는 물질을 뇌가 인식하는 순간 우리 뇌에서는 도파민이라는 신경전달물질이 분비되는데, 뇌가 이것을 한 번 기억해 두면 그 쾌락을 또 다시 요구하는 보상 중추가 작동합니다. 그러면 만족감을 준 원인이 사라져도 뇌는 동일한 종류와 강도의 쾌락에 다시 빠지고 싶다고 갈망하게 됩니다.

그래서 쾌락의 원인이 되어준 물질을 스스로 또 다시 주입하게 되는데, 동일한 강도의 쾌락에 도달하기 위해서는 같은 강도의 자극이 아니라 점차 더 강한 자극이 필요합니다. 이것이 바로 내성으로서, 내성이 생겨 더 강한 자극을 원하는 것이 바로 중독입니다. 그리고 뇌가 갈망하는 중독 물질을 끊었을 때 안절부절못하며 원인물질을 다시 찾게 만드는 것이 금단 증상이라 할 수 있습니다. 중독이 무서운 것은 이 내성과 금단 증상 때문입니다.

게임중독은 외부 물질의 주입 없이 이루어진다

그런데 알콜중독이나 마약중독, 담배를 끊지 못하는 니코틴중독 등은 어떤 특정한 물질 때문이라는 점에서 게임중독과 조금 다릅니다. 즉 알콜, 마약성분의 물질, 니코틴이 우리 몸 안에 들어가면서 중독의 원인이 되는 것입니다.

반면 게임은 어떤 특정 물질이 우리 몸 안에 들어가는 것이 아니라 순수하게 두뇌 자체에서 기형적인 활동이 일어납니다. 비정상적으로 분비된 도파민이 뇌의 특정 부위에 선달됨으로써 충동을 자극하고 중독을 일으킵니다. 그래서 술, 마약, 담배를 제공하지 않는 것으로 치료를 시도할 수 있는 중독들과 달리 게임중독은 더욱 교묘하고 복잡한 양상을 보입니다.

특히 예전의 게임이 주로 어떤 레벨을 거쳐 최종 목표에 도달하는 게임이어서 어느 정도 하다 보면 싫증을 유발하기도 하고 그만큼 중독성도 낮은 반면, 요즘의 게임은 온라인에서 이루어지는 네트워크형 게임이면서 업데이트도 지속적으로 이루어지기 때문에 자극이 훨씬 강하고 중독성도 높습니다.

또한 게임 내용 자체가 파괴와 살상이 주가 되거나 살인, 폭력, 선정적 장면을 여과 없이 제공하는 경우, 인간으로서의 기본적인 도덕성과 현실감각마저 무디게 한다는 점에서 어린 아이들과 청소년에게 더욱 위험합니다.

성인들도 게임중독에 걸린 경우 정상적 사회생활이 불가능하고 사회 부적응자나 범죄인으로 전락할 수 있다는 점에서 더더욱 사회문제가 되고 있습니다.

컴퓨터를 끄자
욕설을 해요

얼마 전 희철이(11세, 남) 때문에 심장이 철렁 내려앉았습니다. 아이가 컴퓨터 게임을 너무 자주, 오래 하는 것 같아 늘 잔소리를 했는데 그날도 아이는 제 잔소리를 아랑곳하지 않고 게임만 하고 있었습니다. 주말이라 아빠가 일찍 퇴근하여 모처럼 온 식구가 함께 저녁식사를 할 수 있는 날이었고 저도 나름대로 음식을 이것저것 장만했습니다.

밥상을 다 차리고 아이에게 몇 번이고 밥 먹으러 나오라고 소리를 쳤는데도 아이가 나오지 않자, 급기야 아이 아빠가 벌떡 일어나 아이 방으로 들어갔습니다. 그때까지도 아이는 정신없이 게임을 하고 있었고, 그 모습에 이미 화가 머리끝까지 난 남편은 호통을 치며 컴퓨터의 전원 코드를 뽑아버렸습니다.

그 순간 아이의 입에서 나온 말에 우리 부부는 귀를 의심하지 않을 수 없었습니다.

"아이, 씨!"

아직 어리다고만 생각했는데 우리 아이가 어떻게 그런 욕설을 할 수 있는 것인지 충격적이기만 했습니다. 남편도 저도 너무나도 화가 났고, 그날로 아이 방에서 컴퓨터를 없앴습니다.

당분간 컴퓨터 금지령을 내리긴 했지만 아이는 아이대로 화가 났는지 며칠째 엄마, 아빠에게 아무 말도 하지 않으려 합니다.

그날 이후 아이 때문에 부부싸움도 자주 하게 되었습니다. 아이를 어떻게 훈육을 하고 화해를 해야 하는지도 모르겠어요. 컴퓨터를 계속 못하게 하면 좀 괜찮아질까요?

뚝딱이 아빠 김종석 박사가 이야기하는…
이럴 땐 이렇게 해요~

아무리 어린 나이라 하더라도 게임에 과도하게 몰입하고 있는 아이들은 이미 스스로에 대한 통제능력을 상실한 상태입니다. 두뇌가 외부의 자극과 이성적 판단력 사이의 균형을 잃은 것이고 그 때문에 반드시 해야 할 일을 하지 않거나 공부에 집중하지 못하거나 부모의 꾸중조차 아랑곳하지 않게 된 것이죠.

자녀의 게임 중독 상태가 어느 정도인지 알려면 게임을 금지하거나 중단시켰을 때의 반응이 어떻게 나오는지를 통해 어느 정도 가늠할 수 있다고 합니다. 만약 게임을 못하게 했을 때 아이가 부모의 지시를 따르려는 최소한의 의지라도 보인다면 그것은 중독 이전의 상태라 할 수 있습니다.

이때 어떤 아이들은 "딱 30분만 더 할게요."라든가 "그 대신 용돈을 올려주세요."와 같이 뭔가 부모와 협상을 하려 들기도 합니다. 협상을 해서라도 뭔가 자기가 원하는 걸 얻으려 한다는 것은 그래도 어느 정도는 자기 의지로 통제할 수 있다는 뜻입니다.

그런데 부모의 충고나 꾸중을 무시하여 아무리 이야기해도 듣지 않으려 하는 경우라면 문제가 달라집니다. 여기서 더 나아가 히스테리컬하게 신경질을 내거나 비속어가 포함된 욕설을 내뱉거나 물건을 던지거나 방문을 쾅 닫는 등의 폭력적 언행이 튀어나온다면 이미 게임 중독의 단계에 들어선 것이라 할 수 있습니다.

위험한 건 게임이 아니라 아이 마음속의 분노

컴퓨터 게임을 그만 하라는 부모에게 욕설을 퍼붓거나 심지어 발로 차고 밀치는 등의 폭행을 가하는 중·고등학생에 대한 뉴스가 심심찮

게 사회면에 등장하곤 합니다. 청소년 게임중독을 치료하는 전문병원을 찾은 부모의 상당수가 자기 자녀로부터 폭언이나 폭행을 당한 적이 있다고 하며, 남성인 아버지에 비해 힘이 약한 어머니가 폭행의 피해자인 경우가 더 많다고 합니다. 청소년기 이후의 게임중독은 가출과 일탈, 가정폭력과 청소년 범죄를 연쇄적으로 야기한다는 점에서 그 문제가 더욱 심각합니다.

희철이의 경우 아버지가 극단적인 강제력을 행사한 것에 대한 분노가 순간적인 욕설로 표출된 것이라 할 수 있는데, 아이 마음속의 분노도 문제지만 아버지의 대응방식도 그리 바람직하지 않았습니다. 아이의 행위 자체에 대해 권위적이며 극단적인 제재를 가했을 뿐 아이의 마음을 들여다보고 원인을 찾아내려는 노력을 한 것으로 보이지 않기 때문입니다.

자녀가 게임중독 증상을 보였을 때 많은 부모들이 제대로 못 보고 지나치는 것이 아이 마음속 깊은 곳의 분노와 애정결핍입니다. 어떤 종류의 중독이건 중독의 원인 한가운데에는 부모로부터, 가족으로부터 사랑받고 싶고 관심과 인정을 받고 싶다는 욕구가 자리합니다. 가장 기본적인 그 욕구가 충족되지 못한 아이들일수록 게임중독에 쉽게 빠지고, 중독에 빠지면서부터는 부모로부터 마음의 문을 닫아걸게 됩니다.

마음의 문을 닫은 아이들이 부모 눈에는 어른에게 반항하는 것으로 보이는데, 이때 적절한 방법을 취하지 않으면 부모와 자녀 간의 갈등은 깊어만 갑니다.

자녀와의 소통을 시도해야 한다

그러므로 부모님이 경계해야 할 것은 사실은 컴퓨터 자체, 게임 자체가 아닙니다. 컴퓨터만 없애면 문제가 해결될 거라 생각하지 말고 아이가 그동안 왜 분노하고 있고 외로워하고 있었는지를 들여다보아야 합니다. 게임을 해서 중독에 빠지는 것이 아니라 아이로 하여금 중독에 빠지게 한 진짜 동기가 무엇이었는지를 생각해야 합니다. 게임 때문에 폭력적이 되는 것이 아니라 이미 아이의 내면에 자리 잡았던 분노와 상실감이 게임을 매개로 분출되는 것입니다.

희철이의 경우에도 부모님이 아이의 분노 원인을 어루만져주려는 노력을 하지 않는 한, 아무리 컴퓨터를 집에서 없앤들 아이의 마음을 치료해주기는 어려울 것입니다.

아이의 게임중독을 야단치기 전에 평소 온 가족이 정기적으로 대화와 소통의 시간을 가졌는지를 먼저 점검해보아야 합니다. 아이가 요즘 어떤 마음상태이고 고민이 무엇인지에 대해 부모가 먼저 늘 관심을 가져주었는지를 돌아볼 필요가 있습니다.

공부와 학교생활과 친구관계에 고민은 없는지, 기분 좋은 일은 어떤 게 있었는지, 무슨 일로 스트레스를 받았는지에 대해 충분히 물어봐주고 들어주어야 합니다. 항상 너를 믿어주고 있고 사랑하고 있다는 표현을 자주 해주었는지도 되새겨볼 필요가 있습니다.

평소 소통할 수 있는 가정의 분위기를 만들고 아이의 분노 원인을 발견하려는 노력이 뒷받침 되어야 아이의 게임중독도 고쳐질 것입니다.

부모 몰래 PC방에서 게임을 하고 와요

어릴 때부터 컴퓨터게임을 좋아했던 현우(13세, 남)를 지도하기 위해 늘 많은 신경을 써 왔습니다. TV나 비디오 시청, 컴퓨터 사용이 아이의 정신건강에 좋지 않고 학업을 방해한다는 것을 알고 있었기 때문에 부모로서 늘 주의를 기울이기 위해 노력했어요. 남자아이라 그런지 다소 산만하고 활동적이며 책이나 공부도 그다지 좋아하지 않아 걱정을 늘 많이 했고 병원에 데려가 진단을 받아본 적도 있었지만 다행히 정신건강상의 큰 문제가 있는 것은 아니었습니다.

아이의 컴퓨터 사용을 통제하기 위해 할 수 있는 모든 방법을 동원했다고 자부합니다. 학교에서 돌아오면 컴퓨터를 켜기전에 숙제부터 하라고 가르쳤습니다. 게임을 아예 못하게 할 수는 없어서 일주일에 한 번 엄마나 아빠가 옆에 있을 때 딱 1시간만 하기로 약속을 정했습니다.

또 게임을 하더라도 학교 숙제와 학원 숙제를 다 한 다음에 하게 했습니다. 그 시간까지 숙제를 다 못하고 게임을 하거나 부모 몰래 게임을 했을 때는 일정 기간 컴퓨터 게임 금지령을 내렸고, 실제로 아이가 약속을 지키지 않아 한 달 정도 게임을 못하게 한 적도 있습니다.

이 모든 노력에도 불구하고 아이는 학년이 올라갈수록 자꾸만 약속을 어기거나 부모 몰래 밤늦게 게임을 하는 날이 늘어났습니다. 숙제를 다 했다고 해서 믿었는데 나중에 다시 살펴봤더니 문제집 답안지를 그대로 베껴 적어놓은 적도 있었고, 1시간만 하고 끝내기로 한 게임 시간도 "조금만 더, 조금만 더." 하며 질질 끌어 야단을 몇 번이나 쳐야 했습니다.

아이가 점점 약속을 지키지 않자 아이 방에 있던 컴퓨터를 꺼내 거실에 놓았습니다. 그랬더니 한동안은 별 말 없이 잘 참고 지내는 듯했습니다. 그러다 얼마 전 학원으로부터 아이가 며칠째 오지 않았다는 연락을 받았고, 수소문해서 알아낸 결과 그동안 학원까지 빼먹어가면서 PC방에서 2시간 이상씩 게임을 하다가 집에 왔다는 것을 알게 되었습니다.

이제 곧 중학교에 올라가니 학업 분량도 많아지는데 부모 몰래 PC방에서 오랜 시간을 보내고 왔다니 기가 막히기만 합니다. 그동안 했던 노력들이 아무 소용이 없는 것 같아 허탈합니다. 아이를 집에 가둬둘 수도 없고 어떻게 해야 할지 모르겠어요.

 **뚝딱이 아빠 김종석 박사가 이야기하는…**
이럴 땐 이렇게 해요~

현우 어머니처럼 아이들의 게임 습관을 통제하기 위해 노심초사하는 부모님들이 많습니다. 하지만 부모 마음과 달리 아이들은 학년이 올라가고 머리가 커질수록 '방법' 을 찾게 마련입니다. 통제하면 할수록 통제를 벗어나려고 하고, 막으면 막을수록 빠져나가려고 할 테니까요.

부모님의 걱정처럼 게임 때문에 PC방에서 긴 시간을 보내는 아이들은 이미 게임중독에 걸린 것이라고 볼 수 있습니다. 처음에는 1시간만 보내던 것이 시간이 점점 길어지고, 이것이 심해진 중•고등학생들은 경우에 따라서는 아예 PC방에서 밤을 새거나 며칠씩 살다시피하는 경우도 있습니다. PC방에서 게임을 하느라 밤을 샌 아이들은 정상적인 학교생활이 거의 불가능해질 수밖에 없고, 학업에 대한 흥미를 잃을수록 자포자기하게 되어 오직 게임에서만 탈출구를 찾으려 합니다.

아이들이 PC방에 가게 되면 어른들의 통제가 없는 자기만의 공간에 놓이기 때문에 최소한의 자제력마저 완전히 잃을 위험이 있습니다. 이 상태가 심각해지면 더 이상 부모의 통제나 꾸중도 소용없어지고 오히려 부모에게 반항만 하게 됩니다.

얼마 전 한 중학생의 아버지가 아들의 게임중독을 야단치다 극약처방을 위해 컴퓨터를 치워버렸습니다. 그러자 그 학생은 게임 금단증상에 시달리다, 급기야 아버지가 운영하는 공장의 지붕을 뜯고 들어가 밤에 게임을 하다 발각되었다고 합니다.

이 웃지 못할 이야기처럼 부모의 강압적인 통제만으로는 교육적 효과가 오히려 떨어질 수도 있습니다. 컴퓨터 게임을 못하게 하자 PC방이라는 자기만의 방법을 찾은 현우가 그 예입니다.

집에서 게임할 수 있게 해주자

자녀의 컴퓨터 사용을 제재하기 위해 늘 걱정하고 노심초사한 현우 어머니의 마음은 부모라면 누구나 공감하지 않을 수 없을 것입니다. 게임 시간을 제한하고, 할 일을 먼저 한 다음 게임을 하게 하는 방법들도 아주 잘못되었다고는 할 수 없습니다. 산만한 것을 걱정하여 병원에서 진단을 받아보게 할 정도라면 아이에 대한 관심도 각별한 어머니임을 알 수 있습니다.

하지만 자녀들의 통제력이라는 것은 부모가 억압하고 간섭한다고 키워지는 것은 아닙니다. 오히려 부모의 지나친 간섭과 명령에 놓인 아이들은 스스로 통제력을 길러볼 기회를 갖지 못한 채 숨 막히는 감시 속에 산다고 느낄 수도 있습니다. 너무 엄격한 부모, 걱정이 많은 부모, 걱정스런 마음에 아이의 일거수일투족을 확인하고 구속하는 부모일수록 아이들은 그 구속을 벗어나고 싶은 마음만 커집니다. 요즘 아이들은 사교육과 선행학습으로 학습량도 많고 자유롭게 놀 시간도 부족하다 보니 더더욱 그렇습니다.

부모로서 아이를 방치해서도 안 되겠지만, 제재 조치를 취할 때 아이와 충분히 대화하고 상의하여 규칙을 정한 것인지 되돌아볼 필요도 있습니다. 엄마가 일방적으로 정하고 아이는 마지못해 따르는 척했지만 정말로 엄마가 자기 마음을 알아준다고 느끼지는 못했을 수도 있지 않을까요?

컴퓨터 게임 중독은 물론 위험한 것입니다. 하지만 거꾸로 생각하면 요즘 아이들이라면 누구나 어릴 때 하고 지나가는 놀이의 하나일 수도 있습니다. 적절한 제재는 필요하지만, 아이 입장에서 부모의 제재가 너무 강압적이거나 부당하다고 느꼈다면 아이는 '내 의견과 마음을 부모님이 인정해주지 않는다.' 라고 인식했을 것입니다. 그렇게 되면 아이들은 점점 무슨 수를 써서라도 부모 눈을 피해 컴퓨터게임을 할 방법을 찾아낼 것입니다.

아이들의 자제력은 부모의 인정 속에 키워집니다. 부모로서 모든
것을 정해주려 하지 말고 아이의 의견과 생각을 들어보는 것이 중요
합니다. 그런 다음 PC방이 아닌 집에서 게임을 할 수 있게끔 게임 시
간과 규칙을 아이와 함께 다시 정하고 스스로 지킬 수 있도록 배려해
주어야 합니다.

인터넷에 접속해
공격적인 댓글을 달아요

　민주(11세, 여)는 늘 얌전하고 내성적이며 말을 잘 듣는 착한 아이였습니다. 그런데 얼마 전 담임선생님으로부터 청천벽력 같은 이야기를 들었습니다. 아이가 학교 인터넷 홈페이지에 좋지 않은 게시글들을 자주 올려 왔다는 것입니다. 친구에 대한 험담을 하거나 아무 근거 없는 이야기를 올리기도 하고 다른 친구들의 글에 공격적인 댓글이나 욕설을 달기도 했다는 사실을 알고 큰 충격을 받았습니다.

　그날 혹시나 하여 집에서도 인터넷에 들어가 보았습니다. 저와 남편이 자주 이용하는 포털 사이트에 로그인을 했더니 제가 쓴 적이 없는 댓글들이 여럿 있음을 발견했습니다. 그중에는 연예인 관련 기사 밑에 달린 댓글이 많았는데 주로 막무가내 식의 비난이나 유치한 비속어를 사용한 공격적인 글도 있었습니다. 아마 저의 아이디로 로그인이 된 상태에서 제가 없을 때 아이가 직접 인터넷을 이용한 모양입니다.

　정말 내 아이가 한 짓이 맞나 싶을 정도로 충격적이기도 하고 기가 막혔습니다. 가정교육을 잘못 시킨 적도 없었고 오히려 늘 남 앞에서

예의범절을 지키도록 철저히 훈육을 했던 것 같은데 왜 이렇게까지
비뚤어진 것일까요?

뚝딱이 아빠 김종석 박사가 이야기하는…

이럴 땐 이렇게 해요~

요즘에는 초등학생들도 누구나 인터넷을 이용할 수 있게 되면서 많
은 문제들을 낳고 있습니다. 나이와 정체가 드러나지 않는 익명성 때
문에 성인들도 범죄에 가까운 수준의 안 좋은 댓글들로 남에게 상처
를 주곤 하는데, 어린 아이들은 사회적 규범과 도덕에 대한 의식이 성
인보다 훨씬 미숙하여 더더욱 무질서해지는 것입니다.

아이들은 자신의 공격적 댓글이 타인에게 어떤 피해를 주는지, 그
리고 자기가 쓰는 댓글의 의미가 정확히 어떤 것인지에 대한 판단력
이 부족한 경우가 많습니다. 특히 모니터 안의 세상에 대한 현실감각
은 거의 없는 상태입니다. 컴퓨터 게임의 경우에도 중독의 정도가 심
할수록 가상과 현실을 구분하지 못하게 됩니다. 외국에서 잔인한 총
기 난사 사건을 일으킨 나이 어린 범인들의 대부분이 폭력적인 게임
에 중독되어 있었던 것으로 드러났듯이, 인터넷 상에서 공격적인 댓

글을 쉽게 다는 어린이들도 자신의 글이 실제로 사람들에게 어떤 상처와 피해를 줄지에 대한 현실감각은 갖고 있지 않습니다.

아이의 외로움과 인정욕구를 알아주기

어른도 그렇지만 아이들이 인터넷의 익명성을 악용해 공격적 댓글을 다는 데에는 애정결핍, 분노, 외로움, 그리고 관심을 받고 싶다는 왜곡된 욕망이 자리 잡고 있는 경우가 대부분입니다.

특히 권위적인 부모 밑에서 꾸중을 많이 받으며 자랐거나, 부모의 강요로 인한 지나친 사교육으로 늘 억압받고 있었던 아이들은 마음속에 분노를 품고 있을 가능성이 높습니다. 내성적이고 순종적이던 민주의 경우도 부모님 말씀 잘 듣고 유순해 보이는 겉모습의 이면에는 부모로 인해 위축된 심리와 욕구불만, 그리고 관심과 사랑을 충분히 받지 못했다는 분노가 쌓여 있었을 것입니다.

아이들은 이러한 욕구불만을 인터넷이라는 가상의 공간에서 분출시키곤 합니다. 자극적이고 공격적인 글을 올릴수록 남들의 관심을 받게 되고, 자신이 올린 공격적인 글의 조회 수가 올라가거나 댓글이 많이 달릴수록 남들에게 인정받고 있는 것 같은 일시적인 만족감과 우쭐함에 도취됩니다.

그리고 한 번 도취되고 난 다음에는 죄의식과 도덕의식이 무뎌지면서 더욱 나쁜 글로 시선을 끌고 싶어집니다. 부모로 인한 마음의 상처를 마치 복수하듯이 남들에게 고스란히 되갚아주려는 것입니다.

민주는 자신의 외로움과 분노를 안으로만 담아두고 삭여 왔을 것입니다. 내성적인 성격으로 인해 친구가 많지 않았고, 늘 남 앞에 예의 바르고 어른에게 순종하라는 통제 하에 마음이 억눌려 있었습니다. 성인의 인터넷 중독증은 대개 우울증을 동반하는데, 아이들의 경우에도 위축된 심리와 우울감, 심한 경우 우울증을 앓고 있었을 수 있기에 부모의 사랑과 관심이 필요합니다.

모든 아이들이 가장 원하는 것은 부모의 이해와 인정입니다. 아이가 순종적이고 얌전하다 할지라도 강한 통제와 훈계만이 무조건 효과적이라고 여기는 것은 부모만의 착각일 수 있습니다.

인터넷에서 남에게 상처 주는 글을 올려서는 안 된다는 기본 도덕을 반드시 가르쳐야 하지만, 그 전에 아이 마음속에 쌓여 있던 분노와 외로움을 들여다보고 이해하며 안아주는 과정이 동반되어야 할 것입니다.

[tip] 컴퓨터중독이 틱 장애를 악화시킨다

자신의 의도와 관계없이 근육을 반복적으로 움직여 눈을 비정상적으로 깜빡이거나 얼굴을 씰룩거리거나 습관적으로 헛기침을 하거나 이상한 소리를 내는 것을 '틱 장애'라고 합니다. 근육이 반복적이고 급한 움직임을 보이고 이것에 대한 제어가 스스로 안 되는 것으로서, 프랑스 신경학자의 이름에서 딴 '투렛 증후군' 도틱 장애의 한 종류입니다. 틱 장애의 원인은 도파민 등 뇌의 신경전달물질이 비정상적으로 분비되어 잘못된 신경 생화학적 작용을 하기 때문입니다. 하지만 유전적인 요인 외에도 최근의 급격한 환경 변화가 틱 장애를 유발하거나 악화시킬 수도 있다고 합니다. 그중 대표적인 악영향을 끼치는 것으로 지목되고 있는 것이 너무 어릴 때부터 과도하게 컴퓨터를 사용하는 것입니다. 컴퓨터를 사용하는 모든 아이들에게서 무조건 틱 장애가 발병하는 것이라고는 할 수 없지만, 어린 나이부터 컴퓨터게임과 스마트폰에 중독되어 있던 유아들에게서 틱 장애가 발병되기 시작하거나 증상이 악화될 가능성이 높다는 것입니다.

스마트기기를 접하는 연령이 어려지고 컴퓨터게임에 중독 증세를 보이는 아이들이 급격히 증가하면서 이러한 특정 장애가 발병하는 비율도 높아지고 있습니다. 특정 장애가 아니더라도 컴퓨터의 모니터에서 나오는 전자파가 TV 화면의 모니터에서 나오는 전자파 보다 훨씬 직접적인 영향을 끼쳐 아이들에게 해롭다는 것은 잘 알려져 있습니다. 컴퓨터기기에서 방출되는 전자파에 오랜 시간 노출되면 두통과 불면증, 신경과민, 어지럼증 같은 증상이 일차적으로 유발됩니다. 그리고 이러한 영향력이 몸속에 누적되면서 장기적으로 비정상적인 호르몬 분비를 유도합니다. 호르몬 분비에 한 번 교란이 생기면 예측 불가능하고 치료 불가능한 수많은 질병이 생길 수 있다는 점에서, 어린 아이들의 지나친 컴퓨터 사용은 어른보다 훨씬 위험하고 치명적일 수 있습니다.

3장

살찌는 것이 너무 두려워요

스마트기기와 컴퓨터가 아이들의 두뇌를 지배한다면,
아이들의 몸을 해치는 것은 먹거리와 식습관이다.

서구화된 식습관이 건강에 좋지 않다는 것을 누구나 알고 있지만, 일상생활 깊숙이 침투한 패스트푸드, 인스턴트음식, 거의 모든 식재료에 들어있다시피 한 식품첨가물들로부터 아이들의 신체 건강과 정신 건강을 지켜내기는 쉽지 않은 일이다. 올바른 식습관을 가지고 유해성분이 든 음식을 최대한 멀리하는 입맛을 가지도록 어렸을 때부터 교육해야 한다.

밥 먹기 싫다고
투정을 부려요

5살짜리 수지는 입이 짧고 밥투정도 심하답니다. 편식이 심해 좋아하는 음식보다 싫어하는 음식이 훨씬 많고, 밥 먹는 시간을 즐거워한 적이 별로 없어요. 겨우 앉혀서 떠먹여줘도 한두 숟갈 받아먹고는 더이상 먹기 싫다며 고개를 도리도리 흔들기 일쑤예요. 엄마가 볼 때는 그렇게 먹었다가는 영양부족이 될 것 같아 억지로 달래가며 떠먹여줄 수밖에 없습니다.

그러다 보니 식사 시간 때마다 아이는 안 먹겠다고 징징거리고, 저는 도망가는 아이를 붙들어서라도 입에 떠 넣어주며 거의 전쟁을 치릅니다. 하지만 아기 때부터 몸이 약하고 잔병치레가 잦은 아이이다 보니 안 먹겠다고 해서 내버려두다가는 큰일 날 것 같아요. 입 짧고 밥투정 심한 우리 아이, 어떻게 하면 밥 잘 먹고 건강한 아이로 키울 수 있을까요?

 **뚝딱이 아빠 김종석 박사가 이야기하는…**
이럴 땐 이렇게 해요~

밥 먹일 때마다 아이와 한 바탕 전쟁을 치르다시피 하며 녹초가 되는 부모님들이 적지 않습니다. 연세 있는 어르신들이 보시기에는 요즘 아이들이 굶주림이 뭔지 모르는 풍요로운 시대에 태어나 배부른 투정을 하는 것 같고, 엄마가 아이 습관을 잘못 들여서 그런 거라며 탓을 하기도 합니다. 하지만 똑같은 것을 먹여도 어떤 집 아이는 어릴 때부터 복스럽게 잘 먹는데 우리 아이는 투정을 부리고 밥을 거부한다면 부모님 입장에서는 속상하고 애가 타지 않을 수 없지요.

아이의 식습관은 후천적인 습관과 교육에 의한 것이기도 하지만 선천적으로 성격이 예민하고 음식에 대해 까다로운 기질을 보이는 아이들도 분명 있습니다. 이러한 성향이 일찌감치 이유식 때부터 드러나 5~6세까지 지속적으로 이어지기도 합니다.

이런 아이들은 밥 먹는 것 자체에 흥미를 거의 갖지 않는 모습을 보이기도 하고, 특정 음식의 맛과 냄새를 아예 거부하는 편식 성향을 보이기도 합니다. 이런 아이에게 싫어하는 음식을 억지로 먹였을 때, 심한 경우 입속의 음식을 곧바로 뱉어내거나 구역질을 할 정도로 극도의 거부감을 보이기도 합니다. 부모님이 볼 때는 속상할 뿐만 아니라

기가 막힐 노릇이지요.

밥투정이 심하고 식습관이 잘못되어 있는 것이 선천적 요인이냐 후천적 요인 때문이냐 하는 것은 아이마다 다르기 때문에 한 마디로 단정 짓기는 어렵습니다. 음식의 맛과 식사하는 행위에 익숙해지는 데 선천적으로 시간이 좀 걸리는 아이들이 있는 것은 사실입니다. 하지만 부모님의 노력 여하에 따라 얼마든지 밥 잘 먹는 아이로 만들 수 있습니다.

쫓아다니며 억지로 떠먹이는 습관은 금물

밥 안 먹는 아이 때문에 부모님들이 가장 많이 하는 실수가 바로 억지로 먹이는 것입니다. 안 먹이면 영양부족이 될 것이 뻔히 보이니까 어떻게 해서든 먹여놓고 보려는 위기의식이 들기 때문이지요. 그래서 입을 다물고 고개를 돌리는 아이의 입 속에 어떻게 해서든 밥숟가락을 넣기도 하고, 도망가는 아이를 쫓아가 "한 입만!" 하면서 먹이기도 합니다.

하지만 이렇게 부모님이 매번 떠먹여주는 것이 버릇이 되고 식사 때마다 억지로 먹이는 습관이 들다 보면 아이는 영영 음식 먹는 것 자체를 '싫은 것'으로 각인하게 됩니다. 많은 의사들과 교육전문가들도 엄마가 아이를 따라다니며 밥 먹이는 것은 절대 하지 말아야 한다고 입을 모읍니다.

만약 아이가 밥 먹기를 너무 싫어한다면 억지로 먹이는 것보다 차라리 한두 끼 정도는 굶기는 것이 낫습니다. 부모가 볼 때는 아이를 굶기면 큰일 날 것 같지만, 한 끼 정도의 공복은 나쁘지 않습니다. 밥 투정하는 아이를 위한 가장 기본적인 처방전은 끼니 때 배가 고프도록 만들어주는 것이기 때문입니다.

가장 중요한 것은 음식 먹는 것이 즐거운 일이라는 것을 아이에게 인식시키는 것입니다. 밥 안 먹는 아이를 교정하기 위해서는 다음 수칙들을 꾸준히 지켜야 합니다.

1. 식사하기 1~2시간 전에는 간식을 주지 않습니다. 특히 과자, 사탕 등 식욕을 떨어뜨리는 달콤한 간식을 최대한 줄이고, 식사 전에는 아이가 아무리 졸라도 주지 않도록 합니다.

2. 식사시간을 일정하게 정해두고, 그 시간이 지나면 상을 완전히 치우고 다음 식사시간까지 아이에게 먹을 것을 주지 않습니다.

3. 매일 활동적으로 뛰어놀게 해주세요. 에너지를 충분히 발산해야 공복감이 들어 먹는 것을 덜 거부하게 됩니다.

4. 아이가 좋아하고 싫어하는 음식의 종류와 조리법이 무엇인지 관찰하여, 좋아하는 조리법 위주로 음식을 해주세요.

5. 음식과 먹는 것에 대해 끊임없이 흥미를 부여해주세요. 좋아하는 캐릭터가 새겨진 그릇에 담아주기, 예쁜 식판에 다양한 반찬을 조금씩 담아주기, 김이나 깨 등의 고명으로 장식하기, 볶음밥이나 경단을 만들어 동물 모양 등 재미있는 모양으로 담아주기, 한입에 들어갈 크기로 작게 썰어주기 등 부모님의 창의력을 매일 발휘하는 노력이 필요합니다.

6. 함께 음식을 만들어보게 하여 요리 과정 자체를 놀이의 하나로 접하게 해주세요. 아이들은 자기 손으로 직접 만들어보며 재미를 느낀 음식에 대해서는 그렇지 않은 경우보다 훨씬 더 관심을 갖고 먹어보려 하게 됩니다.

밥 먹을 때
돌아다니며 먹어요

경민이(6세, 남)는 매우 활동적이고 에너지가 넘치는 사내아이입니다. 그러다 보니 한곳에 가만히 앉아있는 것을 잘 하지 못하는데, 문제는 밥 먹을 때에도 이런 성격이 고스란히 드러난다는 점입니다. 그래서 식사 시간에 끝까지 제자리에 앉아 있질 못하고 다른 방으로 뛰어가 장난감을 가지고 오거나, 좋아하는 만화영화를 틀어달라고 졸라대기도 합니다.

3살 된 남동생 수민이까지 챙겨 먹이려면 경민이를 끝까지 통제하는 것이 너무 어렵습니다. 그나마 동생은 아직 어려서 앉혀놓고 먹일 수가 있는데, 에너지가 넘쳐 어디로 튈지 모르는 경민이는 금세 식탁 앞에서 사라져 있곤 합니다. 그러다 보니 끼니때마다 두 아이를 건사하느라 아주 녹초가 되곤 합니다. 동생을 먹인 후 큰 아이를 마저 먹이기 위해 그릇과 숟가락을 들고 이리저리 쫓아다니는데, 일단 입에 넣어주기만 하면 밥 자체를 안 먹는 것은 또 아니에요. 이제는 제 손으로 의젓하게 밥을 먹었으면 좋겠는데 어떻게 해야 할까요?

뚝딱이 아빠 김종석 박사가 이야기하는…
이럴 땐 이렇게 해요~

　어린이 편식의 여러 유형 중 가장 높은 비율을 차지하는 것이 주의
산만으로 인한 잘못된 식습관, 즉 가만히 앉아서 먹지 않고 여기저기
돌아다니면서 먹는 것이라고 합니다. 밥투정을 하는 원인이 음식 자
체에 대한 거부감 때문인 경우도 있지만, '밥 먹을 땐 끝까지 제자리
에 앉아서 먹어야 한다' 는 습관이 들지 않았기 때문인 경우도 많습니
다.

　특히 경민이처럼 활동적인 성격의 남자아이를 둔 가정의 경우, 아
이는 자기 하고 싶은 대로 사방으로 돌아다니며 노느라 바쁘고, 엄마
는 그런 아이를 쫓아다니며 한 숟갈이라도 더 먹이기 위해 진을 빼는
풍경이 펼쳐지곤 합니다. 이런 아이들의 경우 음식 자체를 거부하기
보다는 음식보다 다른 것에 대한 관심이 너무 많아 아직 식사의 즐거
움을 깨닫지 못한 것이라고 할 수 있습니다.

　식사시간에 돌아다니는 습관은 어릴 때 교정해주지 않으면 잘못된
식습관으로 고착될 수 있으므로 부모님의 발 빠른 교정교육이 필요
합니다. 교정을 하기 위해서는 아이의 흥미와 관심사가 식사 시간 때
만큼은 온전히 식탁 위로만 집중될 수 있도록 유도해야 합니다.

밥 먹을 때는 밥 먹는 것에만 집중하기

첫째, 식사시간에 텔레비전이나 비디오, 스마트기기 동영상 등을 틀어주는 습관은 당장 끊도록 합니다.

요즘 대부분의 가정에서 가족이 식사를 할 때 텔레비전을 틀어놓고 밥을 먹곤 합니다. 그래서 어른들도 밥을 먹으며 눈은 텔레비전 화면에 고정되어 있고 식구들끼리도 거의 대화를 하지 않는 경우가 많습니다.

하지만 적어도 자녀가 있는 가정에서라면 식사 시간 때만큼은 오로지 식사에만 집중하는 분위기를 조성하고 아이가 어렸을 때부터 그런 습관을 들게 해주는 것이 좋습니다. 밥 먹을 때는 다른 것에 관심을 가지지 않는 습관이 몸에 배어야 비로소 먹는 것의 기쁨도 알게 할 수 있습니다.

둘째, 식사 준비에 아이를 동참시켜 보세요.

음식 준비를 할 때 이것저것 가져오거나 거들게 하고, 부모가 음식을 만드는 옆에서 아이도 밀가루 반죽을 하거나 재료를 뒤섞는 등 놀이에 가까운 행위를 할 수 있게 자리를 마련해 주고, 식구들의 수저를 놓게도 하는 등 끊임없이 뭔가 활동을 하도록 유도합니다. 활동적이

고 에너지가 넘치는 아이일수록 식사 전후의 모든 과정을 재미있는
놀이로 인식시키는 것이 도움이 됩니다.

셋째, 식사를 끝마칠 때까지는 한 자리에 앉아서 먹는 습관을 들입니다.

아이들의 식습관에서 가장 중요한 것이 정해진 장소, 정해진 시간
에 먹어야 한다는 개념입니다. 어린이용 식탁과 의자를 새로 마련해
주고 일단 식사가 시작되면 중간에 일어나지 말고 끝까지 앉아있을
수 있도록 지도합니다.

넷째, 가끔 또래 친구와 함께 밥을 먹는 기회를 만들어주는 것도 도움이 됩
니다.

아이들은 또래 친구들과 있을 때 경쟁심리가 생기게 마련입니다.
다른 친구들이 제자리에 앉아 밥을 먹는 분위기 속에서 아이도 더욱
자극을 받고 식탁 밖의 다른 흥밋거리에 대한 관심이 식탁 위로 집중
될 수 있습니다.

채소를
안 먹으려고 해요

서진이(7세, 여)는 어릴 때부터 거의 모든 종류의 채소를 굉장히 싫어했습니다. 익힌 파나 양파처럼 향이 강한 채소는 아무리 적은 양이라도 귀신 같이 알아내 곧바로 뱉어내고, 나물 종류는 물론이고 김밥 속에 든 오이나 시금치 같은 것들도 일일이 빼주어야 하며, 카레 덮밥이나 볶음밥을 해주어도 고기 외에 당근이나 양파는 모조리 골라냅니다. 날로 된 쌈채소 종류도 극도로 싫어하고요.

고기나 햄 종류는 좋아하는데 채소는 바로 뱉을 정도로 싫어하니 심각한 영양 불균형이 걱정되지 않을 수 없어요. 이런 식습관이 유아 때부터 이제까지 지속되었는데, 올바르게 교정해줄 때를 놓친 것 같아 엄마로서 죄책감이 들 때가 많습니다. 어떻게 해야 채소를 골고루 잘 먹게 할 수 있을까요?

뚝딱이 아빠 김종석 박사가 이야기하는…
이럴 땐 이렇게 해요~

　어린 아이들이 편식을 하는 데에는 낯선 음식에 대한 본능적인 공포증도 큰 원인으로 작용합니다. 전문가들은 이것을 '네오포비아(neophobia : 낯선 것에 대한 공포증)' 라고 부르는데, 태어나서 한 번도 먹어보지 못한 낯선 음식에 대해 막연한 두려움을 가지고 있는 것입니다.

　이 공포증을 본능적으로 가장 크게 느끼는 음식이 바로 채소라고 합니다. 인류가 수렵, 채집활동으로 먹을 것을 얻던 시절에, 독성이 있는 낯선 풀이나 열매를 먹고 탈이 나거나 사망하게 되는 위험을 감수해야 했던 기억이 유전자에 남아있기 때문이라는 것입니다.

　어린 아이들에게 있어 채소라는 날것, 생것의 음식은 입에 넣기에 낯설고 두려운 대상으로 느껴질 수 있습니다. 채소에 대한 이러한 거부반응은 대개 2세에서 4세에 가장 심해지는 경향이 있는데, 대체로 성장하면서 점차 완화되기도 하지만 편식하는 식습관이 고정되면 커서도 계속해서 채소를 거부하기도 합니다.

　채소가 아니더라도 특정 음식의 맛, 촉감, 냄새, 색깔 등에 유독 예민하게 반응하고 그 음식을 계속 거부하는 것이 편식의 가장 대표적인 유형입니다. 어떤 음식을 싫어하는지는 아이마다 천차만별입니다. 심지어 어떤 아이는 쌀밥의 부드러운 감촉과 냄새 자체를 너무 싫어해 반찬만 먹고 밥을 안 먹으려 들기도 합니다. 또 요즘 아이들은 자극적인 인스턴트 음식과 육류 위주의 음식에 어려서부터 너무 익숙해져 있다 보니 채소 종류에 대해 맛있다는 느낌을 전혀 못 느끼는 경우가 많습니다.

하지만 채소를 거부하고 좋아하는 음식만 먹으려는 습성이 굳어지면 영양뿐만 아니라 아이의 인성 발달에도 부정적인 영향을 끼칩니다. 따라서 싫어하는 것을 좋아할 수 있게 만드는 여러가지 요령이 총동원되어야 합니다.

싫어하던 음식을 사랑하게 만드는 요리치료법

아이가 채소가 든 음식을 싫어한다면 우선 아이의 기호와 성향을 있는 그대로 존중해주어야 합니다. 먹지 않는다고 매번 야단을 치거나 억지로 먹게 하면 아이는 성인이 되어서도 계속해서 채소를 싫어할지도 모릅니다. 채소에 대한 거부감을 줄이기 위해서는 아이가 스스로 채소가 든 음식의 맛에 호기심을 갖고 서서히 받아들일 수 있도록 하는 것이 중요합니다.

첫째, 채소를 채소로 느껴지지 않게 하는 새롭고 다양한 조리법을 활용합
니다.

원래의 형태를 알 수 없도록 지금까지보다 더 잘게 다져보기도 하
고, 완전히 갈아서 아이가 좋아하는 음식에 섞되 그 비율을 점점 늘려
아이 입맛이 채소의 맛에 점차 익숙해지도록 해줍니다. 흔히 어린이
들이 가장 좋아하는 만두나 동그랑땡, 미트볼, 크로켓, 부침개처럼 고
기나 다른 재료와 섞어 다진 형태라든가, 달걀을 입혀 부치거나 튀김
옷을 입혀 튀김 형태로 만드는 등 아이 취향에 맞는 다양한 조리법을
활용할 수 있습니다.

둘째, 아이 취향에 맞는 색다른 모양의 식기를 마련하거나, 아이가 좋아하
는 모양의 틀에 볶음밥을 담아 모양을 내주는 등 거부감을 줄이고 호감을 줄
수 있는 다양한 방법을 활용해봅니다.

셋째, 바나나, 단호박, 떠먹는 요구르트 등 단맛이 나는 식재료를 활용하여
아이 입맛에 맞는 소스를 만들어 첨가해주면 채소에 대한 거부감을 훨씬 줄
일 수 있습니다.

넷째, 음식 만들 때 아이도 함께 만들도록 동참시킵니다.

아이로 하여금 직접 음식을 만들어보게 하면서 숫자나 글자, 과학 등 학습에도 활용하고 그와 동시에 자기가 만든 음식을 고루 먹어보게 하는 요리치료법이 최근 각광받고 있습니다. 아이가 직접 음식을 만들어보게 하는 것은 편식을 개선할 수 있는 가장 좋은 방법이자, 창의력과 인성을 계발시키는 교육법이기도 합니다.

다섯째, 베란다 텃밭이나 주말농장을 활용해, 채소를 직접 키워보는 경험을 하게 해줍니다.

아이들은 식물을 자기 손으로 직접 심고 관찰하고 키워보는 과정에 큰 흥미를 느낍니다. 채소를 싫어하던 아이들도 자기가 직접 키워본 채소의 이파리나 열매에 대해서는 친근감을 느끼고 관심을 갖게 됩니다.

내 손으로 뭔가를 키워낸다는 성취감, 흙을 만지며 자연을 만끽하는 색다른 경험이 아이에게는 하나하나 즐거움 경험으로 각인됩니다. 자기 손길이 닿은 채소를 입에 넣어 맛을 보는 것에 대해 호기심을 가지게 될수록 채소에 대한 거부감도 눈에 띄게 줄어들 것입니다.

[tip] 과도한 육류 섭취가 해로운 이유

불과 30여 년 전만 하더라도 고기는 '귀한' 음식이었습니다. 우리나라 전통 농경사회에서는 육류 단백질을 섭취할 기회가 많지 않았고, 모든 종류의 육류는 명절이나 특별한 날에만 먹을 수 있는 귀한 먹거리였습니다. 그러다 보니 고기가 풍부해지고 나서도 우리나라 사람들은 유독 고기에 대한 선호도와 집착이 강한 편이며, 특히 성장기 아이들은 반드시 고기를 많이 먹여야 한다고 생각하는 경우가 많습니다.

아이들의 성장에 있어 적당한 양의 육류 단백질이 필요한 것은 맞습니다. 그러나 채소나 과일 대신 고기를 무조건 많이 먹어야 좋다는 편견 또한 아이들의 영양불균형을 초래합니다. 특히 요즘에는 고기 위주의 식사를 하는 것이 오히려 건강을 해치는 주요 원인이 될 수 있는데 그 이유는 다음과 같습니다.

첫째, 전 세계적으로 공장식 축산 방식으로 가축을 길러내게 되면서, 고기의 성분 자체가 예전과는 많이 달라졌습니다. 동물의 본성과 생리에 맞지 않는 합성 사료와 항생제, 성장호르몬이 너무 많이 주입되어 키워지기 때문입니다.

고기를 많이 먹일수록 이러한 성분들이 아이들의 몸에 축적될 수밖에 없습니다. 미국과 남미에서 고기를 많이 먹은 아이들이 너무 어린 나이에 생리를 시작하고 2차 성징이 나타났는데 그 원인이 고기 속에 든 성장호르몬 때문이었던 것으로 밝혀진 바 있습니다.

고기 속의 독이 아이들 몸에 쌓인다

가축에 주입하는 각종 약물과 항생제로 인해 아이들도 항생제에 대한 내성이 강한 체질이 되고, 아토피 등 각종 알레르기 질환의 원인이 되기도 합니다. 또한 고기 맛을 좋게 하기 위해 지방이 많이 든 사료로 키워내기 때문에 고기 성분도 예전에 비해 지방이 지나치게 많아졌습니다. 육류의 지방이 각종 성인병과 암을 유발한다는 것은 잘 알려져 있습니다.

둘째, 사람의 몸은 본래 육식동물 보다 초식동물에 가까운 구조입니다. 일반적인 육식동물에 비해 장의 길이가 길어 초식동물의 장기 구조에 더 가깝기 때문입니다. 더구나 한국인을 비롯한 아시아인들은 오랜 세월 농경문화 속에서 살아왔기 때문에 육류보다 곡식과 채소에 더 적합한 체질을 타고났습니다. 몸은 채소 섭취에 더 적합한데 최근 식습관이 갑자기 육류 위주로 바뀌다 보니 각종 건강상의 문제가 발생하지 않을 수 없습니다.

셋째, 일반적으로 육류는 산성, 채소는 알칼리성을 띠고 있습니다. 그런데 채소를 멀리하고 고기를 과도하게 섭취할수록 우리 몸이 산성화되어 면역력이 저하되고 각종 질병에 취약한 몸이 됩니다. 따라서 아이들에게 고기는 과하지 않게 먹이되, 반드시 채소와 동시에 먹게 하여 산성을 중화시킬 수 있도록 해주어야 합니다.

어려서부터 육류보다는 채소와 정제하지 않은 곡식을 많이 먹고 자란 아이들일수록 몸뿐만 아니라 정신적으로 건강하게 자란다고 합니다. 성장기 어린이들에게 고기만 너무 많이 먹이는 것보다는 채소와 곡식을 골고루 포함한 한식 위주로 먹게 하는 것이 더 바람직합니다.

과자와 빵만
먹으려 해요

올해 6세인 주혁이가 밥 대신 과자와 빵만 먹으려 든다는 사실을 알게 된 건 최근의 일입니다. 군것질을 좋아하고 늘 사탕이나 과자 등 달콤한 것을 달라고 요구해 어쩔 수 없이 집에 늘 과자나 빵을 사서 찬장에 보관해두곤 했는데 이틀도 지나지 않아 금방금방 없어지곤 했습니다. 그저 아이들은 으레 과자를 좋아하는 것이려니 생각하고 있었는데, 맞벌이하는 저를 대신해 시어머니가 아이를 자주 봐주시게 되면서 아이가 밥을 안 먹겠다고 고집을 부리면 밥 대신 빵을 먹이시곤 했다고 합니다.

그런데 최근에는 어린이집에서도 급식을 먹기 싫다며 밥투정을 하고 밥 대신 과자를 달라고 떼를 썼다는 이야기를 전해 듣고는 아이 식습관에 뭔가 문제가 있다는 걸 알게 되었습니다. 주말에 외식도 해보고, 돈가스 등 아이가 좋아하는 반찬도 만들어줘 보았지만 아이는 예전에 비해 유난히 밥을 깨작거리며 먹기 싫어했습니다. 그러고는 두어 시간 후 배가 고프다며 빵과 과자를 요구하는 것이었습니다. 어쩔 수 없이 과자나 제과점 빵을 쥐어주면 앉은 자리에서 순식간에 한 봉지를 비우곤 합니다. 사탕과 초콜릿도 너무 자주 먹어서인지 치과에 데려갔더니 충치가 여럿 생겨 있었습니다.

제가 아이 곁에서 신경을 제대로 써주지 못한 탓인 것 같아 죄책감이 듭니다. 건강에도 많이 안 좋은 군것질을 끊게 하려면 어떻게 해야 할까요?

**뚝딱이 아빠 김종석 박사가 이야기하는…
이럴 땐 이렇게 해요~**

본래 모든 아이들은 단 것을 좋아하는 것이 본능입니다. 맛 중에서 생존에 가장 필요한 주 에너지원으로 쓰이는 맛이 단 맛이라는 것을 오랜 세월 동안 인류가 몸으로 기억하고 있기 때문입니다.

하지만 단 것 중에도 건강한 단맛과 건강을 해치는 단맛이 있습니다. 그중 우리 몸에 해로운 먹거리가 바로 과자와 청량음료 같은 가공식품들입니다. 과자, 빵, 사탕, 사이다, 콜라 같은 가공식품 종류의 간식들은 열량은 높은 대신 필수 영양소가 부족해 어린 아이들이 식사 대신 자주 먹다가는 심각한 영향 불균형을 초래합니다. 맛이 자극적이고 포만감을 주어 식사 때의 밥맛을 떨어뜨리고 결과적으로 밥을 거부하는 나쁜 식습관을 만듭니다.

과자에는 아이들 몸에 유해한 식품첨가물이 많이 들어 있는데, 실제로 과자와 가공식품을 지나치게 많이 먹은 아이들의 모발을 검사해보면 납을 비롯한 중금속과 화학물질이 필요 이상으로 검출되는 것을 확인할 수 있습니다. 이러한 성분들은 두뇌에 나쁜 영향을 주어 각종 정신장애의 원인이 됩니다. 과자에 들어있는 나트륨은 몸속의 철, 칼슘 등과 결합하여 배설 시에 함께 나옴으로써 뼈나 치아를 약해지게 만듭니다. 아이들에게 밥 대신 주는 시판하는 빵에는 방부제, 유화제, 팽창제, 조미료, 착색료가 많이 들어 있습니다.

주혁이처럼 자극적인 화학첨가물의 맛에 중독된 아이들은 밥과 같은 제대로 된 음식물에 대해서는 맛이 없다고 느껴 결국 섭식장애를 일으키게 됩니다.

집안에 과자를 쟁여두지 말자

아이들이 군것질을 많이 하느라 밥을 안 먹으려 든다면 그것은 거의 전적으로 어른들 책임이라고 해도 과언이 아닙니다. 아예 굶는 것보다는 과자라도 먹어서 배를 채우게 하겠다는 한두 번의 임시방편이 잘못된 식습관을 유발하는 결정적인 원인이기 때문입니다.

아이의 군것질 습관을 고치기 위해서는 끼니 때 밥 대신 과자나 빵을 달라고 하는 아이의 요구를 엄격하게 거절하는 것도 필요합니다. 보채는 아이를 보기가 괴로울 수도 있지만 차라리 한 끼 정도 굶게 하는 것도 무방합니다.

공복 상태가 된 아이에게 반드시 제대로 된 한식 위주의 식사를 제공하되, 평소 아이가 좋아하던 반찬과 조리법 위주로 아이의 식욕을 최대한 자극하는 것이 좋습니다. 아이가 좋아하는 캐릭터의 식기에 담아주거나 음식 모양을 재미있게 만들어주기도 하고 아이 이름의 글자를 음식물로 만들어 담아주는 등 예전에 하지 않았던 방식의 재밋거리를 줘봅니다.

아이가 간식을 달라고 할 때에는 식사시간을 피해 최소한 한두 시간 전에 소량만 주되, 이제부터는 시중에서 구입한 과자나 빵이 아니라 집에서 직접 만든 간식거리를 주는 것입니다. 고구마, 감자, 단호박, 밤 등을 삶아서 과자 대신 주어도 좋고, 고구마나 단호박 등을 얇게 썰어 바싹 말리거나 오븐에 구워 천연 과자를 만들어두는 것도 좋은 방법입니다. 이것을 꿀이나 물엿에 버무린다면 달콤한 것을 좋아하는 아이들 입맛에도 잘 맞습니다. 이와 같은 자연식 먹거리에 입맛이 익숙해질수록 아이들은 가공음식을 덜 찾게 됩니다.

　무엇보다도 과자를 비롯한 군것질 거리를 대용량으로 많이 사서 보관해두는 것보다 가끔씩 적은 용량으로만 구입해 그때그때 먹고 끝내게 하는 것이 낫습니다. 사놓고 보관해두면 아무리 안 보이게 감췄다 하더라도 아이들에게는 참을 수 없는 유혹이 됩니다. 아이들이 과자를 적게 먹게 하려면 집안에 아예 사놓지 않는 것이 방법입니다.

햄버거만 좋아하고
밥을 싫어해요

　남매인 도현이(12세, 남)와 도희(10세, 여)는 먹성이 좋은 아이들입니다. 문제는 밥보다 햄버거, 피자, 라면, 소시지 같은 패스트푸드와 인스턴트음식만 너무 좋아한다는 점입니다. 된장국이나 나물 반찬에는 수저도 대지 않고 고기나 햄을 구워줘야 겨우 밥을 먹어요. 둘 다 학원에 다녀야 해서 끼니를 놓칠 때가 자주 있는데 그때마다 밖에서 반드시 사먹는 음식이 패스트푸드점의 햄버거 혹은 편의점에서 사먹는 컵라면입니다. 출출하다며 중간중간 가방에서 간식으로 꺼내 먹는 것은 짭짤한 과자나 달콤한 초콜릿이 대부분이죠. 주말에는 피자를 시켜달라고 두 아이가 노래를 부릅니다. 가끔 외식을 할 때에도 아무래도 한식보다는 아이들 좋아하는 패밀리레스토랑에 가게 되고요.
　패스트푸드나 인스턴트식품이 썩 좋지 않다는 걸 모르지는 않습니다. 하지만 아이들도 학원을 여러 군데 다니고 학습지를 비롯해 여러 숙제들을 하느라 시간이 없기도 하고, 또 그토록 좋아하고 잘 먹는 음식들을 일일이 쫓아다니며 못 먹게 하는 것도 현실적으로 어려운 게

사실입니다. 유치원 때까지는 그래도 몸에 좋다는 것을 일일이 챙겨
먹인 적도 있었지만, 어느 정도 크면서부터는 어쩔 수 없이 아이들이
먹고 싶어 하는 음식을 먹도록 허용하게 되는 게 현실인 것 같아요.

　가장 걱정되는 것은 아이들의 건강입니다. 요즘 들어 두 아이 모두
위장병과 변비가 잦아지는 것도 그렇고, 식습관을 한식 위주로 바꿔
야 할 것 같은데 지금에 와서 갑자기 바꾸자니 막막합니다.

뚝딱이 아빠 김종석 박사가 이야기하는…
이럴 땐 이렇게 해요~

　미국의 평균적인 어린이들이 열량의 대부분을 얻는 음식은 주로 흰
밀가루, 흰 설탕, 유제품, 동물성 기름으로 이루어진 음식들이라고 합
니다. 그에 비해 채소와 과일 섭취량은 지나치게 적은데, 그나마 채소
종류를 가장 많이 섭취하게 되는 음식이 바로 패스트푸드점의 감자
튀김이라고 하니 놀라지 않을 수 없습니다. 소아 비만률이 세계 최고
수준으로 높고 천식이나 아토피 등 각종 면역계 질환, 특히 ADHD와
여러 가지 정신장애 발병률이 나날이 높아지고 있는 이유를 어린이
들의 식습관에서 엿볼 수 있습니다.

하지만 이미 우리나라 어린이들의 식습관도 점점 미국화되고 있어 걱정입니다. 대부분의 아이들이 어릴 때부터 패스트푸드와 인스턴트 식품에 지나치게 노출되어 있어 아이들의 입맛을 바꿔놓고 있기 때문입니다. 부모가 맞벌이를 하는 가정이 늘어나고 아이들도 어린 나이부터 다양한 사교육활동으로 바쁜 일과를 보내면서, 빠르고 편리하게 먹을 수 있으며 자극적인 맛으로 아이들의 입맛을 사로잡는 패스트푸드가 각광을 받고 있습니다. 채소와 된장국보다 햄버거와 피자, 라면과 소시지를 더 좋아하는 것은 비단 도현이와 도희의 이야기만은 아닐 것입니다.

패스트푸드 대신 슬로푸드로 돌아가자

패스트푸드가 과잉 열량과 영향 불균형으로 인해 아이들에게 각종 질병을 일으킨다는 것은 잘 알려져 있죠. 그래서 열량만 높고 영양가는 없는 쓰레기라는 뜻의 정크푸드라고 불리기도 합니다.

본래 햄버거는 좋은 재료로 정성껏 만들기만 하면 얼마든지 영양가 있는 음식이 될 수 있지만, 패스트푸드점에서 먹게 되는 햄버거와 감자튀김, 청량음료는 사실상 각종 첨가물과 발암물질 범벅이라 해도 과언이 아닙니다. 아이들 입맛을 자극하는 짜고 자극적인 맛을 내는 정제소금은 뼈 속의 인과 칼슘을 녹이는 작용을 해 성장기 어린이들의 뼈 건강에 해롭고, 감자튀김을 만들어내는 기름을 여러 번 재활용하는 데서 발암물질이 나오는 것 역시 잘 알려져 있습니다. 영양상 꼭 필요한 비타민, 미네랄, 섬유질은 거의 없는 것이나 다름없어 위장 장애와 변비를 유발하는 주범이기도 합니다.

　패스트푸드뿐만 아니라 아이들이 즐겨 먹는 라면, 햄, 어묵 및 음식에 습관적으로 뿌려 먹는 마요네즈와 케첩도 식품첨가물 덩어리에 가깝습니다. 무엇보다도 패스트푸드와 인스턴트 음식의 자극적인 맛에 혀가 길들여진 아이들은 음식 본연의 다양한 참맛은 알지 못한 채 성장하게 됩니다. 예를 들어 담백하거나 쌉싸름한 맛은 '맛없다' 라고 느끼는 것이죠.

　도현이, 도희 남매처럼 이미 입맛이 자극적인 음식에 길들여진 아이들에게 갑자기 된장찌개와 나물 반찬 위주의 한식을 먹으라고 하는 것은 무리일 지도 모릅니다. 그러나 조금만 아이디어를 내고 노력을 기울이면 얼마든지 지금보다 건강한 음식을 먹일 수 있습니다. 예를 들어 아이들이 햄버거를 좋아한다면 집에서 직접 고기와 채소를 다져 패티를 만들고 신선한 재료를 듬뿍 넣은 수제 햄버거를 만들어 줄 수도 있을 것이고, 단맛을 좋아하는 아이들을 위해 청량음료 대신 식혜를 음료수로 주는 방법도 있습니다. 라면을 좋아한다면 평소 먹던 라면 대신 우리밀이나 쌀로 만든 면으로 국수를 만들어줘도 좋습니다.

미국의 대표적인 패스트푸드 회사인 맥도널드가 이탈리아의 로마에 진출했을 때, 음식문화로 정평이 나 있는 이탈리아 사람들이 미국식 패스트푸드에 반발하고 음식 본연의 가치를 되살리기 위해 시작한 운동이 바로 '슬로푸드' 운동입니다. 자연식 전통음식에 대한 자부심이 높은 이탈리아처럼 우리나라도 채소 및 발효음식 위주의 풍요로운 음식문화를 가지고 있습니다. 우리 아이들이 건강한 음식의 참맛을 잃어버리지 않도록 어른들이 도와주어야 할 것입니다.

[tip] 패스트푸드 · 인스턴트음식이 정신장애를 유발한다

음식이 사람의 정신에 미치는 영향력과 관련해 미국의 한 교도소에서 재소자들을 대
상으로 실시한 유명한 임상실험이 있습니다. 재소자들을 두 편으로 나눠 한 편은 인
스턴트음식 위주의 식사를, 다른 한 편은 자연식 위주의 식사를 제공했는데 그 결과
는 놀라웠습니다. 인스턴트 음식을 먹은 쪽은 교도소 안에서의 폭력사건 발생률도 변
함이 없고 출소 후에도 재범을 저지르는 재소자가 많았습니다. 반면 자연식 위주의
식사를 한 쪽은 교도소 내 폭력사건 발생률도 눈에 띄게 줄었고 출소 후의 재범률도
훨씬 줄어들었다고 합니다. 사람이 먹는 것이 사람의 정신건강과 인성에 어떤 영향을
끼치는지를 보여주는 대표적인 예입니다.

수많은 연구를 통해, 패스트푸드와 인스턴트음식이 어린이들의 두뇌 및 정신건강에
해악일 끼친다는 결과가 무수히 발표되어 왔습니다. 요즘 아이들이 날이 갈수록 산만
하고 폭력성이 높은 것은 여러가지 사회적 및 환경적 요인 때문이기도 하지만 아이들
이 섭취하는 음식 때문이라는 것입니다.

여러 연구 결과에 의하면 가공식품, 인스턴트음식, 패스트푸드, 청량음료를 많이 먹
는 아이들일수록 산만하고 참을성과 집중력이 부족하며 충동적이고 폭력적인 성향
을 보입니다. ADHD 진단을 받는 어린이들의 숫자가 급격히 늘어나고 있는 것도 식
습관과 무관하지 않습니다. 아이들이 즐겨 먹는 첨가물 범벅의 고열량 음식은 뇌세포
에 과부하를 일으켜 아이들을 신경질적이고 불안정하게 만듭니다.

식품첨가물이 대사 교란을 일으킨다

패스트푸드와 가공음식이 해로운 주된 이유는 식품첨가물 때문입니다. 음식의 부패

를 방지하게 위한 합성보존료, 인공적인 색과 향을 내는 착색제와 화학조미료를 통틀어 식품첨가물이라고 하는데, 우리 몸의 대사과정에 교란을 일으켜 발암물질을 만드는 원인으로 지적되었습니다.

MSG(글루타민산 소오다 : Mono Sodium Glutamate)가 주성분인 화학조미료는 과다 섭취했을 때 혈액을 산성화시켜 질병에 대한 면역력을 저하시키고 뇌에 장애를 일으키며 여러 가지 정신장애와 발육상의 장애를 유발합니다.

요즘 아이들이 유난히 알러지와 아토피 질환이 많아진 것도 환경과 음식의 영향이 큽니다. 채소와 곡식을 멀리하고 과자, 햄, 라면 등 인스턴트 음식을 즐겨 먹는 아이들은 합성착색료에 들어있는 중금속이 몸속에 쌓이는데 특히 뇌세포에 부착되어 두뇌의 정상적인 활동을 방해한다고 합니다.

아이에게 어떤 음식을 먹이느냐에 따라 신체와 두뇌의 건강, 정신건강, 나아가 그 아이의 미래의 삶의 질이 달라진다고 해도 과언이 아닙니다.

소아비만
진단을 받았어요

　언제부턴가 재경이(12세, 남)는 늘 표정도 어둡고 친구도 없이 외톨이로 지내고 있었습니다. 어릴 때는 체격이 좋아 남자아이답게 듬직하고 튼튼해 보이는 아이였고 성격도 밝았는데 학년이 올라가면서 살이 찌더니 이제는 누가 보더라도 비만아동이 되었습니다. 친구들로부터 걸핏하면 '뚱보'나 '돼지'라고 불리며 놀림을 당하다 보니 학교생활에도 흥미를 잃었고, 친구들과 어울리는 것보다 집에서 혼자 컴퓨터 게임을 하며 노는 것을 더 좋아합니다. 틈만 나면 과자를 입에 달고 살고, 스트레스를 받을 때마다 햄버거나 피자, 치킨을 폭식하듯이 먹곤 하니 살은 빠질 기미가 보이지 않습니다. 보다 못해 병원에 데려가 검사를 받아본 결과 경도비만에서 중등도 비만으로 넘어갈 위험이 있다고 합니다. 먹는 것을 유일한 낙으로 삼는 아이에게서 차마 음식을 빼앗지 못한 것이 아이를 더 힘들게 하는 결과를 낳은 것 같습니다. 재경이가 다시 건강하고 밝은 아이로 돌아갈 수 있을까요?

뚝딱이 아빠 김종석 박사가 이야기하는…
이럴 땐 이렇게 해요~

　최근 어린이 비만과 어린이 성인병이 크게 늘고 있는 것은 그 원인을 크게 2가지로 찾을 수 있습니다. 하나는 아이들의 체형과 체질에 나쁜 영향을 주는 서구화된 먹거리, 그리고 또 하나는 어릴 때부터 경쟁에 시달려야 하는 극심한 스트레스와 심리적 불안감으로 인한 폭식과 잘못된 식습관입니다.

　육류와 가공음식을 많이 먹는 미국인의 경우 성인의 절반 이상, 그리고 어린이의 4분의 1 이상이 과체중 혹은 비만 상태라고 합니다. 정크푸드라 불리는 패스트푸드와 각종 인스턴트 음식은 언제 어디서나 쉽고 빠르게 사먹을 수 있을 뿐만 아니라 영양가는 거의 없는 대신 지나치게 고열량을 섭취하게 합니다. 장수국가라 불렸던 일본도 패스트푸드점이 늘어나면서 어린이 비만률이 증가하는 통계치를 보였고, 우리나라도 패스트푸드 전문점의 증가와 어린이 비만 인구 증가 비율이 같은 곡선을 그려왔다는 통계가 나와 있습니다. 특히 패스트푸드에 가장 많이 노출되고 가장 많이 먹는 연령대가 성인보다 오히려 초등학생이라고 하니, 아이들의 건강이 나빠지고 비만으로 고생하게 되는 것은 불 보듯 뻔한 일입니다.

스트레스 많은 아이들이 폭식을 한다

게다가 상당수의 아이들이 사교육 경쟁에 어릴 때부터 내몰려 정신적 스트레스를 심하게 받으면서 그 스트레스를 풀기 위해 자극적인 고열량의 가공음식을 폭식하는 경우가 많습니다. 또한 가족의 핵가족화, 맞벌이 부모 증가, 이혼율 증가로 인한 편부모 혹은 조손 가정의 증가 등 여러가지 사회현상으로 인해 어른들이 아이들의 식습관을 살뜰히 챙겨줄 수 있는 여건이 되지 못하는 경우, 라면이나 햄버거 같은 음식들로 끼니를 때우는 것이 습관화되면서 비만과 각종 질병에 시달리기도 합니다.

재경이처럼 컴퓨터 게임으로 시간을 보내는 아이들은 운동량이 거의 없이 컴퓨터 앞에서 계속 간식을 먹기 때문에 비만이 더 심해지고, 몸으로 인한 스트레스와 친구들 사이에서의 열등감을 다시 게임과 폭식으로 푸는 악순환이 이어집니다.

어린이 비만이 성인으로 이어졌을 경우 성인병과 암 유발 등 건강에 악영향을 끼치는 것은 물론이고, 패스트푸드를 많이 먹는 아이들은 음식 속의 정제염과 화학조미료가 칼슘을 배출시키는 역할을 해 뼈가 약해지고 성장에도 방해를 받게 됩니다. 섬유질을 거의 섭취하지 못하기 때문에 위장 기능이 약해지기도 하지요.

건강한 다이어트로 소아비만을 치료할 수 있다

의학적으로 비만증은 '신체의 지방 조직이 과잉 축적되어 골격 및 육체가 요구하는 한계를 넘은 상황'으로 정의되는데, 어린이들의 평균 체중보다 10-15% 정도 체중이 더 나가면 비만이라고 할 수 있습니다. 또한 남자아이의 비만이 여자아이보다 2배 이상 많다고 합니다. 어린이 비만은 고혈압, 고지혈증, 심장병, 지방간, 관절염 등 각종 성인별을 유발하기 때문에 조치가 필요한데, 중등도 이상의 심각한 비만은 단지 먹는 것을 줄이는 것만으로 부족하고 병원이나 전문기관에서 의학적 치료를 받아야 합니다.

이미 비만이 되었다면, 아이가 뚱뚱하다고 해서 무턱대고 먹는 양을 줄이거나 굶기는 것은 그다지 효과가 없습니다. 아이들은 아무리 뚱뚱하다 하더라도 아직 성장기이기 때문에 성장에 필요한 고른 영양소가 부족하거나 편중되면 키가 크지 않거나 뼈가 약해질 수 있기 때문입니다. 심지어 지방 성분도 몸에 좋은 지방까지 너무 제한할 경우 뇌세포에 악영향을 끼칠 수 있습니다. 따라서 필수 영양소를 고루 섭취하되 열량을 제한하는 식습관을 가질 수 있도록 도와줘야 합니다. 가장 중요한 것은 밥을 굶기는 것이 아니라 어떤 재료로 어떻게 조리한 음식을 먹이느냐 하는 것입니다. 패스트푸드와 인스턴트음식을 점점 줄여 나가되, 채소 성분을 늘이고 기름기를 최대한 줄여 조리한 반찬으로 하루 세 끼를 규칙적으로 먹게 해야 합니다. 간식도 무조건 못 먹게 하는 것보다는 견과류나 과일을 섭취하게 해 공복감을 줄여주는 것이 좋습니다. 육류 대신 두부를 갈아 넣은 두부 스테이크 등을 만들어주면 단백질 섭취에도 이롭고 패스트푸드만 찾던 아이 입맛에도 잘 맞을 것입니다.

무엇보다도 뚱뚱한 몸으로 인해 위축된 아이의 자존감을 살려주는 노력이 필요합니다. 규칙적인 등산 등 야외활동으로 적당히 땀도 흘리게 하고 햇빛도 많이 보게 하면 어두워져 있던 아이의 마음을 밝게 해주는 데 큰 도움이 됩니다.

* 비만도 계산법 *

비만도(%)=(현재 체중-신장별 표준체중)/신장별 표준체중 ×100

15~19% : 비만경향(비만이 될 우려가 있음)

20~29% : 경도비만

30~49% : 중등도 비만(뚱뚱하다는 것이 외관상 확연히 드러남. 식이요법뿐만 아니라 전문의의 진료 및 처방이 필요함)

50% 이상 : 고도비만(의학적 관리가 반드시 필요함)

4장

다양한
행동장애로 견딜 수
없어요

요즘 아이들은 두뇌와 신체, 인성 성장에 있어 부모들이 미처 통제하기 어려울 정도로 유해한 환경에 노출되어 있다. 산만함, 폭력성, 각종 정신장애를 앓는 유아와 어린이들이 날로 늘어가는 것이 그 증거다. 아이들이 겪는 각종 행동장애를 치유해주기 위해서는 부모의 관심과 사랑, 그리고 무엇보다도 자녀가 얼마든지 건강하게 자라날 수 있다는 믿음과 끈기가 필요하다.

산만한 우리 아이,
ADHD일까요?

　늘 산만한 상우(7세, 남) 때문에 걱정입니다. 상우는 책을 읽어줘도 집중을 잘 안하고 정신없이 뛰어다니며 노는 것을 좋아하는, 아주 에너지가 넘치는 아이예요. 사내아이니까 으레 그러려니 하고 봐주곤 했는데요, 말도 안 듣고 통제 불능일 때가 있어 엄마로서도 몹시 힘이 들 때가 있습니다.

　장난감을 정리하라고 잔소리를 해도 방은 늘 난장판으로 어질러져 있고, 유치원에서도 계속 딴 짓을 하며 주위를 두리번거리고 가만히 있지 못해 선생님의 주의를 받기 일쑤입니다. 큰애가 딸아이이다 보니 어렸을 때부터 딸과는 너무나도 다른 둘째아이의 모습에 놀랄 때가 많았어요. 그때마다 '남자아이는 여자아이와 참 다르구나' 라고 생각했습니다.

　하지만 내년이면 초등학교 입학도 해야 하는데, 지금처럼 지나치게 활동적이어서 책상 앞에 가만히 앉아 있지도 못하고 동화책도 몇 분 만에 싫증을 낼 정도라면 앞으로 학교생활을 과연 잘 해낼 수 있을지 걱정이 되기 시작합니다.

양가 부모님들은 사내아이들은 어릴 때는 다 그렇다며 대수롭지 않게 넘기십니다. 심지어 제가 너무 과민반응을 보이는 것 아니냐고 하십니다. 하지만 요즘 ADHD인 아이들이 많다는 이야기를 들은 저는 자꾸만 걱정이 됩니다. 설마 내 아이는 괜찮을 거라고 생각하고 싶은데, 그래도 병원에 가서 ADHD인지 아닌지 정확한 진단을 받아봐야 하는 걸까요?

뚝딱이 아빠 김종석 박사가 이야기하는…

이럴 땐 이렇게 해요~

'우리 아이가 그저 아이답게 활발한 것인가, 아니면 ADHD일까?'

요즘 많은 부모님들이 걱정하는 문제 중 하나가 다름 아닌 ADHD(attention-deficit hyperactivity disorder : 주의력결핍 과잉행동장애)입니다.

ADHD 진단을 받은 아이들이 산만하고 주의 집중력이 떨어진다는 공통점이 있는 것은 사실이지만, 산만하다고 해서 무조건 ADHD인 것은 아닙니다. 그럼에도 불구하고 아이가 성격상 외향적이고 활동적인 것뿐인지, 아니면 정신적인 문제가 있어서 그런 것인지 긴가민가하며 걱정하는 부모들이 적지 않습니다.

ADHD가 어린이 양육의 일반적인 이슈가 된 것은 그리 오래된 일이 아닙니다. 유난히 활동적이고 가만히 있지 못하는 아이들은 어느 시대에나 있어 왔지만 그것이 뇌질환의 일종으로 여겨지지는 않았습니다. 하지만 최근 우리나라 학령기 어린이 중 3~5%에 해당되는 어린이들이 ADHD 진단을 받게 되면서 부모들은 '우리 아이도 혹시?'라는 걱정을 하지 않을 수 없게 되었습니다.

아이들이 산만한 건 정상이다
vs 뇌기능 장애이므로 조기 치료해야 한다

아이들이 어른보다 집중 시간이 짧고 산만한 것은 당연한 일입니다. 책상 앞에 가만히 앉아 있지 못하고, 몇 분도 되지 않아 몸을 배배 꼬며 딴 데 정신이 팔리고, 하라는 걸 잘 하지 않고……. 부모 눈에는 아이의 이런 모습이 답답하기도 하고 우리 애만 유독 산만한 것처럼 보여 속상하기도 합니다.

더구나 사교육과 선행학습 연령대가 점점 내려가고 경쟁이 심해지면서, 예전 같으면 종일 뛰어놀았을 나이의 아이들이 학원의 책상 앞으로 내몰리고 아이들이 소화해야 할 학업량도 참 많아졌습니다. 아이들의 집중 시간은 9세 이전까지는 평균 20분을 넘지 못하고, 30분 이상의 집중력을 보이려면 적어도 12세는 넘어야 합니다. 그보다 어린 아이들이 30분 이상 가만히 앉아 공부에 집중하지 못한다고 해서 산만하다고 하는 것은 어쩌면 어른들의 욕심일 수 있습니다. 따라서 아이가 집중을 못한다는 기대치를 어른의 기준보다 훨씬 낮출 필요도 있습니다.

하지만 정신과 전문의들은 ADHD란 각종 선천적, 후천적 요인으로 인해 뇌의 특정 부분에 장애가 생긴 것이므로 일찍 발견하여 치료해야 한다고 주장합니다. 방치할 경우 성인 ADHD로 이어져 정상적인 사회생활이 어려워질 수 있기 때문입니다.

좋아하는 것에 푹 빠질 기회를 주자

아이의 성격이 많이 산만하다고 느껴진다면 우선 집안 분위기부터 점검해볼 필요가 있습니다. 조용하고 차분한 환경을 조성하는 것입니다. 책상 위는 그때그때 필요한 것 말고는 다 치우고, 지저분한 것들은 서랍에 넣어 아예 잠가두고, 장난감도 정리함에 잘 보관해야 합니다. TV를 틀어놓은 채 숙제를 하게 하거나 가족이 식사를 하는 등, 아이의 주의를 두 가지 이상으로 분산시키는 생활습관이 있었다면 고쳐야 합니다.

　아이가 책이나 학습에 집중하지 못한다고 탓하기 전에, 평소 자기가 좋아하는 놀이에 흠뻑 빠지게 해주었는지 점검해보시기 바랍니다. 특정 장난감이나 블록 만들기 등 아이들은 자기가 호기심이 가고 흥미가 있는 것에 대해서는 집중할 수 있습니다. 좋아하는 놀이에 깊이 몰입하는 기회를 자주 갖다 보면 점차 다른 것에도 집중할 수 있는 능력이 길러집니다.

　또한 아이가 놀이에 흠뻑 빠진 후 장난감을 정리하기로 한 약속을 지켰거나 일주일간 자기 책가방을 챙기기로 한 약속을 지켰다면 반드시 칭찬과 긍정적 동기부여를 해주도록 합니다. 말을 듣지 않는다고 야단을 치는 횟수보다, 아무리 사소하더라도 약속을 지켜냈다는 데 대한 칭찬을 하는 횟수를 월등히 늘이는 것이 좋습니다.

　만약 부모의 관심과 노력에도 불구하고 일상생활에 지장을 초래할 정도로 산만함과 충동성이 지나쳐 유치원이나 학교생활, 일상생활, 또래 관계에서까지 통제 불능의 문제가 자주 발생한다면 전문적인 진단을 받아볼 필요도 있습니다.

[tip] ADHD, 조기치료냐 과잉진단이냐?

최근 미국에서는 최근 4세에서 17세 어린이 및 청소년 중 6명 중 1명 꼴로 ADHD 진단을 받으면서, '약물치료 오남용을 부추기는 과잉진단이다 vs 반드시 치료해야 할 질병이다' 라는 전문가들의 상반된 의견이 팽팽하게 대립하고 있습니다. 우리나라도 최근 20세 이하 어린이와 청소년 중 매년 6만여 명 가까운 숫자가 ADHD로 병원을 찾을 정도로 부모님들의 관심이 높아지고 있습니다.

ADHD의 원인이 무엇인지는 아직 정확히 밝혀지지 않았습니다. 어릴 때부터 컴퓨터와 스마트기기 사용으로 인한 좌우뇌 불균형 및 뇌손상, 가정불화로 인한 정서적 불안정과 스트레스, 가족력, 갑작스런 환경 변화, 약물이나 특정 음식첨가물 노출 다양한 유전적, 환경적 요인이 원인이 된다고 하지만 규명이 된 것은 아닙니다. 또 대체로 여아보다 남아가 3배 정도 많다고 합니다.

산만하다고 무조건 ADHD는 아니다

그냥 산만한 것인지 ADHD인지 구분하는 기준은 과잉행동과 충동성의 정도입니다. 초등학교 저학년 정도 되면 적어도 수업시간 30~40분 동안은 앉아있을 수 있는 것이 정상인데 그것조차 힘들어하는 경우, 자기 가방을 챙기기도 어려워할 정도로 행동에 일관성이 없는 경우, 생각하기 전에 행동하는 정도가 심한 경우가 이에 해당되는데, 대체로 전문가들이 제시하는 체크리스트는 다음과 같습니다.

〈ADHD 체크리스트〉

- 주의력이 떨어져 물건을 잘 잃어버리거나 가방을 챙기지 못하는 등 일상생활에서 실수를 많이 한다.
- 다른 사람의 이야기를 안 듣는 것 같거나, 끝까지 듣지 않고 바로 행동에 옮긴다.
- 지시 사항을 따르지 못하고, 규범과 규칙을 받아들이지 못한다.
- 공부나 숙제처럼 정신적 노력이 필요한 일을 어려워한다.
- 주변에 약간의 자극만 있어도 쉽게 산만해지고 시선이 불안정해진다.
- 가만히 앉아있는 걸 어려워하고 안절부절못하거나 돌아다닌다.
- 공공장소에서 과잉행동을 하고 질서를 지키지 못한다.
- 끊임없이 움직이거나 말을 쉴 새 없이 한다.
- 뇌 활성화가 늦어 아침에 일어나는 것을 너무 어려워한다.

이와 같은 증상들이 6개월 이상 지속되고, 집에서와 집 밖에서도 비슷한 증상들을 보이며, 이로 인해 학습기능과 공동생활에 장애를 일으키는 아이들이 대개 ADHD 진단을 받습니다. 만약 ADHD인 아이들을 그대로 방치할 경우 학년이 올라갈수록 학업에 어려움을 겪을 뿐만 아니라 선생님의 꾸중도 많이 듣고 친구들과의 관계 형성도 어려워질 수 있습니다. 외부의 부정적 피드백이 누적될 경우 자존감도 낮아지고 왕따 문제를 당하기도 하며, 이대로 성인이 되면 각종 중독에 걸리기도 하고 사회생활이 어려워질 수도 있습니다. 그래서 전문의들은 조기치료의 중요성을 강조합니다. ADHD란 단지 산만하다고 해서 진단을 내리는 게 아니라, 뇌기능 상의 주의력 문제와 충동조절 문제가 분명한지에 대한 정밀한 기준을 바탕으로 아이의 연령과 발달 수준, 심리적 및 환경적 요인을 전반적으로 고려해 진단을 내린다는 것입니다. 또한 1902년에 처음 소개된 이후 지금까지 지속적인 연구를 통해 뇌의 기능 이상으로 인한 질환임이 분명히 증명되었다고 합니다.

과잉진단도 문제다

반면 산만한 아이들을 무조건 ADHD로 진단하는 것에 대해 반기를 드는 전문가들도 있습니다. 이들은 소위 ADHD의 증상이라고 거론되는 것들은 단지 아이들이 가진 어떤 성향일 뿐 병도 장애도 아니고 오히려 재능일 수 있다고 강조합니다.

창의성과 감수성, 직관력이 높고 열정적인 아이들이 틀에 박힌 공동생활을 어려워하는 것은 당연합니다. 그것이 마치 질병인 것처럼 실제 이상으로 부풀려졌고, 아이가 공부를 못하고 낙오자가 될까봐 걱정하는 부모들의 불안감만 자극한다는 것입니다.

무엇보다도 아이들의 개성을 인정하지 않고 각종 부작용을 유발하는 약물치료로 몰아가는 건 위험하다고 지적합니다. 잘못된 약물처방은 중독이나 정신분열 같은 후유증을 야기하기 때문입니다. 약물치료 외의 치료방법이라는 것도 아직까지 어떠한 과정을 거쳐야 치료가 되는지 밝혀진 것이 없고 미술치료, 심리치료, 운동치료 등 각 분야 전문가들의 주장에 따라 광범위하게 이루어지고 있는 것이 그 증거라고 합니다.

최근 들어 ADHD가 유독 관심을 끌게 된 것은 우리나라의 교육환경과도 어느 정도 연관이 있습니다. 어린 아이들에게 과도한 학업성취를 요구하는 한국식 교육현장에서, 평균보다 활동적이고 창의적인 아이들을 통제하기 위해 ADHD라는 낙인을 찍어 치료 대상으로 내모는 것 아니냐는 우려의 목소리도 높습니다. 학업성취도가 뒤떨어지거나 수업에 방해가 되는 아이들을 장애아동으로 치부, 학교 시스템이나 교사 잘못이 아니라 아이에게 문제가 있는 것으로 책임을 떠넘긴다는 것입니다.

걸핏하면
화를 내요

연년생 삼남매의 맏이인 보람이(7세, 여)가 자꾸 난폭한 행동을 보여 너무 힘이 듭니다.

언제부턴가 보람이는 조금만 자기 뜻대로 되지 않는 것이 있으면 마구 소리를 지르면서 화를 냅니다. 감정의 기복이 심해 방금 전까지 기분이 괜찮은 것 같다가도 갑자기 시무룩해지다가 화를 내고, 별 것 아닌 일에도 서럽게 대성통곡을 합니다.

집에 있을 때는 밖에 나가자고 조르다가, 막상 외출을 하거나 가족끼리 나들이를 하면 뭔가가 마음에 들지 않는다며 집에 가자고 떼를 쓰는 거예요. 제일 큰 누나가 서너 살짜리 아이처럼 동생들 앞에서 떼를 쓸 때면 도대체 어떻게 해야 할지 난감하기만 합니다.   소리를 지르고 화를 내는 것에서 한 술 더 떠서 요즘에는 주변에 있는 물건을 아무 거나 집어 던지기도 합니다. 심지어 엄마를 때리기도 하고 동생들을 밀쳐 넘어뜨려서 울린 적도 있습니다.

그럴 때마다 달래도 보고 야단도 쳐보고 동생들과 격리도 시켜 보았지만 아무 소용이 없었습니다. 오히려 소리 지르고 화내는 날이 더 잦아지는 것 같아요.

'미운 일곱 살'이라는 옛 말도 있다지만, 세 아이를 키우는 엄마로서 지치고 짜증이 납니다. 어디서부터 잘못된 것일까요? 그리고 이 아이를 어떻게 다뤄야 하는 걸까요?

뚝딱이 아빠 김종석 박사가 이야기하는…
이럴 땐 이렇게 해요~

아이들은 아직 성숙한 이성이 확립되기 전까지 발달과 퇴행 과정을 반복합니다. 그래서 많이 큰 것 같다가도 갑자기 자기 나이보다 어린 행동을 보이기도 하고 감정을 제대로 조절하지 못하기도 합니다.

부모는 아이가 자제력을 잃을 경우 비이성적인 행동을 할 수 있다는 것을 우선 인정해줘야 합니다. 무엇보다도 아이가 화를 자제하지 못하고 퇴행적인 언행을 보인다는 건 뭔가 마음에 상처를 입었거나 결핍과 상실감을 겪었거나 자존감을 다치는 계기가 있었다는 뜻입니다. 혹은 부모의 습관적인 태도가 아이에게는 상처를 주었을 수도 있습니다.

　본능적 감정을 점차 자제하고 사회 규범을 배워나가는 것은 모든 아이들의 정상적인 성장발달의 단계입니다. 그런데 이런 자제력이 나이에 맞지 않게 퇴행현상을 보인다면 아이의 마음속 어딘가가 상처를 입었고 이것을 엄마, 아빠가 그동안 알아주지 않았다는 증거입니다.

　연년생 동생들의 맏이로 크면서, 아직 부모의 애정을 받아야 할 시기에 그 애정이 동생들에게 분산되면서 오랜 기간에 걸쳐 결핍감과 상실감이 쌓여 왔을 수 있습니다. 부모님은 세 아이들을 키우느라 지치셨겠지만 보람이도 원하는 사랑을 받지 못해 지쳐있었을지 모릅니다. 그 마음을 화로 표현하고 있는 것 아닐까요?

절대 해서는 안 되는 것 : 같이 화내기

　대부분의 아이들이 아직 감정을 표현하는 것에 서툴러서 소리를 지르기도 하고 울기도 합니다. 문제는 아이가 감정표현을 할 때 부모가 어떻게 대응했느냐입니다.

　"조용히 하라고 했지! 너 좀 혼나 볼래? 네가 지금 나이가 몇 살이야!"

이런 식으로 같이 화를 내고 소리를 지르고 감정적으로 맞대응을 한다면 아이는 자신의 감정에 귀 기울이지 않는 부모에게 한 번 더 상처를 받습니다. 물론 부모도 사람이기에 화가 날 수도 있고 순간적으로 욱해서 모진 말을 할 수도 있겠지만, 이처럼 아이와 똑같이 화를 내거나 아이를 공격하는 태도를 습관적으로 보인다면 아이는 자기 감정을 어떻게 자제해야 하는지를 더더욱 배우지 못하게 됩니다.

　만약 평소 부부싸움이 잦았거나 어른들 사이에 공격적이고 감정적인 언행을 자주 보이는 가정이었다면 그러한 공격성이 아이의 잠재의식에 학습되었을 수도 있습니다. 부모가 권위적이고 통제적으로 아이를 억압하는 양육태도를 보였거나, 부모 자신도 짜증을 자주 내고 지쳐 있는 모습을 보였다면 그 감정이 아이에게도 고스란히 답습되었을 것입니다. 부모가 화를 자주 내면 아이도 화내는 아이로 자라고, 아이가 화를 냈을 때 부모가 같이 화를 내면 아이도 자기 안의 화를 표출하는 것 외에 다른 방법을 모릅니다.

　아이가 흥분하고 화를 낼 때에는 일단 아이의 감정이 가라앉을 때까지 기다려야 합니다. 호통 치거나 달래지도 말고 내버려두는 것입니다. 그런 다음 '엄마가 너 때문에 화났다' 는 부모 감정을 아이에게 표현하지 말고, 아이의 행동에 대해 객관적으로 이야기를 해줍니다.

　"보람이가 화가 많이 났구나. 짜증이 많이 나서 소리도 지르고 인형을 여기까지 던졌네."

　이런 식으로 아이의 행동에 대해 말을 해주면 그 순간 아이는 자신의 방금 전의 행동에 대해 생각해볼 기회를 가질 수 있습니다. 한 발 물러서서 자기 행동을 객관적으로 파악하게 유도하는 것입니다.

꼭 해줘야 하는 것 : 아이 마음 공감해주기

　아이의 행동을 말해준 다음에는 아이의 마음을 읽어주고 공감해주는 대화를 시도합니다.

　"너도 모르게 인형을 던져놓고 보니 사실 너도 많이 놀랐지? 화가 난다고 물건을 던지는 것은 옳지 않아. 그 대신 지금 네 기분이 어떤지, 왜 화가 났는지 이야기해볼래?"

　아이의 행동에 대해 화를 내는 대신, 왜 화가 났고 무엇을 어떻게 해주었으면 좋겠는지 들어주겠다고 하는 것입니다. 감정적 화풀이를 하는 것은 결코 해결방법이 될 수 없다는 것을 가르치기 위해서는 아이가 자신의 기분을 행동이 아닌 말로 표현하도록 자꾸 유도해야 합니다. 그런 다음 "그래서 네가 화가 났구나. 엄마(아빠)가 몰랐네."와 같이 아이의 화난 기분에 공감을 표해주고 아이 편이 되어주는 것입니다.

아이들은 자기 마음을 부모님이 이해하고 공감해준다는 것을 아는 것만으로도 말과 행동이 개선됩니다. 그러면서 '화가 났을 땐 울고 화내는 것은 아무 소용이 없다'는 것을 점차 배우게 됩니다. 차분한 객관화, 그리고 애정이 담긴 소통의 분위기 속에서 아이의 상처도 치유되고 퇴행적 행동도 나아질 것입니다.

[tip] '생각하는 의자' 이렇게 활용하자

아이가 극도로 흥분했거나, 심하게 울고 떼를 쓰거나, 화가 많이 나서 소리를 지르거나 물건을 던지는 등 폭력적인 언행을 보일 때, 일정 시간 동안 아이를 격리하여 행동을 수정하는 훈육법을 '타임아웃' 훈육법이라고 합니다. 그리고 이러한 '타임아웃' 훈육법 중 대표적인 방법으로 활용되는 것이 '생각하는 의자' 입니다.

생각하는 의자는 방의 한쪽이나 거실 구석 등 일정한 장소에 의자를 놓고 아이를 얼마간 그 의자에 앉아있도록 하여 흥분된 감정도 가라앉히고 자신의 잘못된 말과 행동에 대해 돌아보고 반성하여 고치도록 하는 데 그 목적이 있습니다.

자기 행동을 돌아보기 위한 것이기 때문에 너무 어린 유아의 경우에는 활용하지 않습니다. 유아가 심하게 울고 떼를 쓸 경우에는 부모님이 직접 몸으로 아이를 꽉 끌어안아주어 아이의 울음이 잦아들고 흥분이 가라앉을 때까지 가만히 기다려주는 것이 좋습니다. 모든 아이들은 부모의 체온 속에서 안정감을 느끼기 때문이죠.

유치원 이상의 아이들에게 생각하는 의자를 활용하는 것은 어떤 특정한 원인으로 인해 아이가 화가 많이 나서 통제 불능의 행동을 보이거나 아직 감정 조절에 미숙하여 감정을 어떻게 분출해야 할지 방법을 모를 때 도와주기 위함입니다. 이를 통해 감정을 폭발시키는 것이 해결책이 될 수 없다는 것을 어려서부터 알게 해주고, 폭력적인 말과 행동에는 반드시 책임이 따른다는 것을 가르치는 것입니다.

생각하는 의자를 통해 훈육 효과를 제대로 얻기 위해서는 다음과 같은 주의사항을 지키는 것이 좋습니다.

첫째, 거실 한구석이나 조용한 장소에 어린이용 의자를 두고 앉아있게 하되, 어두운 방이나 깜깜한 화장실 등 폐쇄되어 있거나 어두운 장소에 아이를 혼자 두는 것은 공포심만을 줄 뿐 아무런 훈육 효과가 없습니다. 의자에 앉혀두는 것은 아이의 흥분을 가라앉히고 지루하게 만들어 스스로의 행동을 생각해보게 하려는 것이지 아이를 무섭게 하려는 것이 아닙니다.

둘째, 아이의 눈을 보면서 의자의 취지를 아이에게 충분히 설명하고 몇 분 동안 앉아있을 거라고 이야기해주고 동의를 구합니다. 대체로 5살이면 5분, 6살이면 6분과 같이 나이 숫자만큼의 분 동안 앉혀두되 10분 이상 너무 길어지면 효과가 떨어질 수 있습니다.

셋째, 반성을 위한 시간이기 때문에 의자 위에서 장난을 치지 않게 합니다.

넷째, 약속한 시간이 끝나면 의자에서 내려오게 하고 무엇을 잘못했다고 생각하는지 이야기하게 하되, 일방적인 꾸중이 아닌 대화의 시간이 될 수 있어야 합니다. 그리고 다 끝냈을 때는 더 이상 잔소리를 계속하지 않고 아이를 따뜻하게 안아주는 것이 좋습니다.

사사건건
'싫어' 라며 반항해요

"싫어. 싫다고 했잖아."

"나 이거 안 먹어."

"이 옷 입기 싫어."

"에이 씨, 짜증 나."

올해 초등학교에 입학한 성진이(8세, 남)가 요즘 제일 자주 하는 말은 '싫어' 입니다. 아침에 일어나라고 해도 싫다고 하고, 학교도 가기 싫다고 하고, 밥도 먹기 싫다고 하면서 반찬 투정을 심하게 하고, 밤에 정해진 시간에 잠자는 것도 싫다고 합니다. 아직 사춘기도 아닌데 매사에 아무 이유 없이 싫다고 대꾸하면서 짜증을 내고 사사건건 반항을 하니 때로는 내 자식이지만 미운 마음이 생깁니다.

얼마 전 남편이 직장을 옮기고 집도 새로운 동네로 이사를 하면서 한동안 정신이 없었던 것은 사실입니다. 이런저런 문제들로 신경 쓸 일이 많아 아이에게 조금 소홀했던 것도 얼마나 미안한지 모릅니다. 이제 집도 정리가 어느 정도 되었고 새 동네에도 적응이 되기 시작했는데 이번에는 아이가 말썽을 부리니 너무너무 속상합니다.

참다 참다 화를 내기도 하고 야단을 치기도 하지만 별로 효과는 없는 것 같아요. 매사에 싫다고 하며 반항하는 아이, 어떻게 훈육해야 할까요?

뚝딱이 아빠 김종석 박사가 이야기하는…
이럴 땐 이렇게 해요~

아이가 반항적인 태도를 보이는 이유는 부모가 자기 마음을 알아주지 않아서 서운하다는 것을 표현하는 하나의 방법입니다. 이렇게 서운하고 힘든데 왜 내 마음을 알아주지 못하느냐는 것입니다. 일부러 '싫다' 는 표현을 하면서 겉으로 반항적으로 행동해도 속으로는 내 감정을 부모가 이해해주고 받아들여주기를 아이는 바라고 있을 겁니다. 낯선 동네로 이사하고 환경이 갑자기 바뀌면서 어른들도 정신이 없었겠지만 아이가 받는 스트레스는 훨씬 더했을 것입니다. 사는 동네가 달라진 것도 힘들었을 텐데 심지어 학교 입학을 하면서 새롭고 커다란 집단에서 적응해야 했으니 하루하루가 두렵고 버거웠을 수 있습니다.

아이의 마음을 풀어주고 반항적인 태도를 고쳐주기 위해서는 우선 아이의 심리적 불안감의 원인을 부모님이 잘 파악하고 이해해주어야 합니다. 야단을 치거나 명령조로 꾸중하면 아이도 부모에게 똑같이 화를 내고 싶어 합니다.

아이의 반항은 내 마음을 알아달라는 표현

학교에 가기 싫다고 하는 것은 낯선 환경에 대한 불안감 때문일 수 있고, 밤에 자기 싫다는 것은 외롭다는 표현일 수 있으며, 먹기 싫다는 것은 관심을 가져달라는 뜻일 수 있습니다. 따라서 아이의 그런 힘든 마음을 공감하는 이야기를 먼저 해주는 것이 좋습니다.

"갑자기 낯선 곳으로 이사하고 친구들도 못 만나게 되어 힘들지? 성진이가 많이 외롭고 화가 났다는 것 알고 있어. 엄마가 신경도 써주지 못해서 미안해. 하지만 네가 이렇게 싫다고만 하면 엄마도 참 곤란해져. 앞으로는 싫다고 하는 대신 왜 싫은지 이야기해줄래?"

처음에는 아이가 마음을 잘 열지 않는 것 같을지도 모릅니다. 그러나 부모가 먼저 아이에게 다가가 대화를 시도하며 공감의 의지를 보여주어야 아이도 부모가 자기를 외면하고 있다는 미움과 분노를 버릴 수 있습니다.

아이에게 '덜 싫은 쪽'을 '선택'하게 하자

아이가 습관적으로 '싫다'는 반응을 보이면 혼내거나 명령하지 말고 아이의 의견을 존중해줍니다.

"알았어. 네가 이걸 하기 싫어한다는 걸 엄마가 몰랐네. 엄마 생각만 강요해서 미안해."

그런 다음 아이에게 선택권을 줘봅니다. 뭔가에 대해 부모가 일방적으로 강요하는 것이 아니라 자기 의견을 존중 받고 자신의 의지에 의해 선택했다는 느낌을 받으면 아이의 반항 심리도 줄어듭니다.

"지금 자기 싫어? 그러면 엄마랑 같이 책 읽다가 졸리면 잘까?"

"오늘 이 점퍼를 입어야 춥지 않을 텐데 입기 싫어? 그러면 네가 입고 싶은 걸로 입고, 이 점퍼는 가방에 넣어줄 테니 나중에 추우면 네가 꺼내 입을래?"

"장난감 정리 지금 하기 싫어? 그러면 몇 시까지 TV를 보고 몇 시부터 정리할지 네가 정할래?"

이처럼 아이에게 선택의 자유를 주는 표현을 하는 것입니다. 타협안과 선택권을 주어 '하기 싫어'라는 반항심을 원천적으로 봉쇄하되, 자기 전에 이를 닦는다거나, 나쁜 말을 하지 않는 등 타협할 수 없는 규칙들도 있음을 아이가 서서히 받아들이게끔 합니다.

아이가 버릇없거나 잘못된 말과 행동을 했을 때 즉시 감정적으로 화를 내고 야단을 먼저 치려 들면 아이는 방어 심리가 생겨 진심으로 반성할 기회를 잃어버립니다. 또한 그동안 외롭고 힘들었을 아이에게 친밀한 애정표현과 칭찬을 자주 해주는 것이 좋습니다. 아이로 하여금 부모가 내 마음을 알아주고 있고 인격적으로 동등하게 대해주고 있다고 느끼게 하면 아이도 건강한 자의식을 갖고 부모의 말을 존중할 것입니다.

[tip] 성취감과 집중력을 키우는 '심부름' 교육법

예전에는 아이들도 어른을 도와 집안일을 돕는 것이 일반적이었지만, 요즘에는 부모들의 과잉보호로 인해, 혹은 학습과 직접적으로 연관되는 것만 시켜야 한다는 편견 때문에 아이에게 집안일을 거의 시키지 않는 경우가 많습니다.

하지만 아이 수준에 맞는 적절한 집안일과 심부름을 아이에게 시키는 것은 아이의 사회성, 성취감, 자존감을 기르는 가장 좋은 양육법입니다. 자신도 가족 구성원으로서 반드시 필요한 존재임을 느끼게 되어 건강한 자존감을 형성할 수 있고, 부모의 칭찬으로 인해 긍정적인 성취감을 만끽하게 할 수 있습니다.

아이들이 할 수 있는 심부름과 집안일은 의외로 많습니다. 유치원 다닐 나이 정도만 되어도 빨랫감을 구별해서 놓거나 양말의 짝을 맞추거나 빨래를 개켜놓는 정도의 일을 얼마든지 할 수 있습니다. 바닥이나 식탁을 닦는 것을 돕거나, 상을 차릴 때 수저를 놓거나, 그릇이나 컵을 가져오는 심부름도 아이들이 할 수 있습니다.
심부름을 시킬 때는 다음과 같은 사항들을 염두에 두는 것이 좋습니다.

- 심부름이나 집안일을 놀이의 일환으로 시키는 것이 아니라 정말로 중요한 집안일
을 하고 있는 것임을 인식시켜 주세요. 아직 어리지만 자신도 가족 구성원이며 자기
가 하는 일에도 책임이 있다는 것을 알수록 책임감 있는 아이로 자랄 수 있습니다.

- 심부름을 잘 수행했을 때 반드시 칭찬을 해주고 고마움을 표현해 주세요. 막연히 잘
했다고 하는 것이 아니라 "네가 빨래를 개켜주어 엄마가 집 정리할 시간이 훨씬 절약
되었네." 와 같이 아이의 행동을 구체적으로 칭찬해주세요.

- 심부름의 결과보다 노력에 더 관심을 가져주세요. 아직 몸도 작고 손동작이 미숙해
실수가 더 많겠지만 실수하더라도 야단치지 말고 아이의 노력을 존중해주시기 바랍
니다. 아이 스스로의 노력으로 부모님을 도와 중요한 역할을 했다는 것을 중요시하게
하세요.

- 가정에서 시킬 수 있는 여러 가지 심부름 중에서도 물을 떠오는 심부름은 어린이들
의 집중력을 높여주는 데 큰 도움이 됩니다. 특히 산만하고 주의력이 부족한 아이들
에게 물을 떠오라는 심부름을 자주 시켜 보세요. 처음에는 흘리기도 하고 엎지르기도
하겠지만 실수를 줄여나가는 과정에서 집중력이 크게 향상될 것입니다.

매사에 무기력하고
의욕이 없어요

　세희(11세, 여)는 어려서부터 늘 똑똑하고 뭐든 똑 부러지게 하며 학업 성취도가 높은 아이였습니다. 총명하고 야무지며 예의도 바른 아이라 늘 선생님들의 주목을 받았어요. 저도 부모로서 아이에게 부족함 없이 해주고 싶은 마음에 아이가 태어났을 때부터 항상 육아나 최신 교육 정보에 귀를 기울이며 살았고, 아이가 잘하는 것이라면 이것저것 아낌없이 가르쳐주기 위해 최선을 다했어요.

　우리나라의 사교육 열풍이 지나치다고는 하지만, 능력이 안 되는 아이에게 억지로 어려운 공부를 시키는 게 문제지 아이가 잘 소화하기만 한다면 어느 정도의 선행학습과 사교육은 불가피하다는 게 제 생각입니다. 오히려 아이를 위한 길이라고 생각했어요. 세희를 일찌감치 영어유치원에 보내고 중국어 과외를 시켰던 것도 아이가 평균 이상의 두각을 나타낼 정도로 어학에 재능이 있고 다른 아이들보다 성취도가 높았기 때문이에요.

　그런데 말썽 한 번 부리지 않고 뭐든지 열심히 하던 세희가 요즘 들어 기운이 너무 없고 밥도 잘 먹지 않아요. 밤에도 잠을 깊이 못 자는 기색인데 그래서인지 "피곤해."라는 말도 자주 하고 심지어 늦잠을 자느라 지각을 한 적도 있어요. 밥을 먹을 때도 겨우 억지로 깨작거리다가 입맛이 없다며 반 이상 남기고, 어떤 날은 배가 막 아프다고 해서 병원에 데려갔더니 신경성 위염이라는 진단을 받았습니다. 아직 잠 잘 시간도 아닌데 침대에 누워있어 벌써 자나 싶어 들여다봤더니 자는 것도 아니고 그냥 멍하니 누워있기도 해요. 왜 그러느냐고 말을 걸어도 "됐어. 엄만 몰라도 돼."라고 대꾸하고는 입을 다뭅니다.

아직 사춘기가 올 때는 아닌 것 같은데, 갑자기 매사에 의욕을 잃고 무기력한 우리 아이 왜 이러는 걸까요?

뚝딱이 아빠 김종석 박사가 이야기하는…
이럴 땐 이렇게 해요~

쉽게 피곤해 하고, 숙면을 취하지 못하고, 식욕을 잃고, 좋아하던 취미나 놀이에 흥미를 잃고, 혼자 있으려 하고, 사소한 일에도 지나치게 공격적이거나 혹은 지나치게 무덤덤한 태도를 보이고, 이유 없는 복통이나 두통을 호소하고, 친구 만나기도 싫어하고, 무기력하거나 따분해 보이고……. 이 모든 증상을 두세 가지 이상 동반하는 것이 어린이 우울증입니다.

어린 아이 주제에 우울할 게 뭐가 있느냐고 생각할 수도 있지만, 최근 우울증을 앓던 초등학생의 자살률이 급증하고 있을 정도로 어린이 우울증은 심각한 사회문제로 대두되고 있습니다.

가정환경의 갑작스러운 변화, 부모의 불화나 이혼, 가까운 사람의 죽음으로 인한 큰 상실감, 학교에서의 왕따 문제 등 어린이 우울증의 원인은 매우 다양하지만, 지나친 사교육으로 인한 과중한 학업 스트레스도 주요 요인이 될 수 있습니다. 평소 공부를 잘하고 성적이 우수한 아이라 할지라도, 자기의 감정을 잘 드러내지 않는 예민하고 내향적인 성격의 아이들은 부모의 기대에 부응하고자 내적 스트레스를 안으로만 삭이고 있다가 마음의 병을 앓기도 합니다.

세희도 어렸을 때부터 엄마의 기대감 속에 적지 않은 학습량을 소화하며 살아왔을 것이고, 아무리 부모 눈에는 아이가 잘 해내고 있는 것처럼 보였다 할지라도 아이는 알게 모르게 혼자 힘들어했을 수 있습니다.

어린이 우울증의 가장 큰 특징은 낮은 자존감입니다. 스스로를 부모에게 사랑받지 못한다고 느끼거나 기대에 부응하지 못한다고 느끼고, 특히 자기 자신을 아무 가치가 없는 불필요한 존재라고 생각하는 경우가 많습니다. 자신에 대한 부정적인 인식이 이대로 계속 쌓여 가면 학업도 학업이지만 청소년기나 성인이 되어 더 큰 일탈행위로 이어질 수 있습니다.

애정표현으로 자존감을 높여주자

삶의 의욕을 잃어버린 세희에게 가장 필요한 것은 아이에 대한 부모의 애정을 느끼게 해주는 것, 그리고 자존감 회복입니다.

첫째, 아이와 대화하는 습관을 만드세요.
아이의 학업 성취도와 성적에만 신경 쓴 나머지 아이가 어떤 생각을 하고 있는지에 대해서는 지나치는 부모들이 의외로 많습니다. 아이가 평소에 마음의 짐을 속에 쌓아두지 않고 부모에게 자유롭게 털어놓을 수 있도록 해주세요.

둘째, 학업에 대한 중압감에서 벗어나고 자존감을 회복할 수 있도록 격려와 칭찬의 말을 자주, 많이 해주세요.
성인과 마찬가지로 어린이들도 우울증에 걸리면 자신이 가치가 없거나 불필요한 존재라는 생각을 합니다. 공부를 잘하거나 못하는 것과 상관없이 부모가 아이를 얼마나 소중하게 생각하는지를 말로 자주 표현해 주세요.

셋째, 아이가 평소 즐기던 놀이, 예전의 즐거운 추억을 떠올리게 할 수 있는 활동을 하게 해주거나 추억의 장소에 데려가 하루 종일 마음껏 놀게 하세요.

넷째, 야외에서의 규칙적인 운동은 두뇌를 더욱 건강하게 해주고 심신의 긴장을 풀어줍니다.
요즘 아이들은 예전의 아이들에 비해 실내에서 보내는 시간이 많으므로 야외에서 햇빛을 많이 쬘 수 있도록 해주세요. 매주 부모님과 하는 규칙적인 등산은 신체를 건강하게 해주고 긍정적인 활력을 주는 데 도움이 됩니다.

다섯째, 아이에게 스킨십을 자주 해주세요.
아무리 의젓하고 어른스러워 보여도 아이들에게는 아직 부모의 따뜻한 품과 체온이 필요하다는 것을 잊지 마시기 바랍니다.

밖에만 나가면
말을 안 해요

지원이(7세, 여)가 유치원에서 말을 전혀 안 한다는 선생님의 이야기를 전해 듣고 깜짝 놀라지 않을 수 없었습니다. 왜냐하면 그동안 유치원에서 돌아와 오늘 뭘 배웠고 선생님이 무슨 이야기를 해주었는지를 물어보면 엄마에게 곧잘 이야기해주었기 때문입니다. 유치원 선생님의 말씀에 의하면, 유치원에서 친구들과 함께 활동이나 놀이를 해야 할 때에도 몸으로 행동은 다 하면서 입을 꾹 다물고 있고, 선생님이 말을 시켜도 고개를 끄덕이거나 도리질을 하여 의사표시를 겨우 하지만 말은 하지 않는다는 것입니다. 그러다 보니 친구들과도 제대로 어울리지 못하고 있었습니다.

불안한 마음에 전문 기관에 데려가 검사를 받은 결과, 선택적 함묵증이라는 진단을 받았습니다. 서너 달 전, 원래 살던 곳에서 멀리 떨어진 지방으로 이사를 오게 되면서 환경이 갑작스럽게 바뀌고 유치원도 새로 옮겨야 했던 게 원인이 될 수 있다는 이야기를 들었습니다. 하지만 밖에서 말을 안 할 정도로 아이에게 심리적 충격이 될 줄은 몰랐습니다.

다소 내성적이어서 원래 말이 많은 아이는 아니었지만 그렇다고 해서 남 앞에서 말을 전혀 안 한 적은 없었기에 당황스럽기만 합니다. 이 증상이 계속되어 앞으로 남은 유치원 생활과 장차 학교생활에도 지장을 줄까봐, 그리고 아이가 영영 남 앞에서 말을 안 하게 될까봐 걱정이 됩니다.

뚝딱이 아빠 김종석 박사가 이야기하는…
이럴 땐 이렇게 해요~

평소에는 정상적으로 말을 하지만, 다른 장소나 다른 상황에서는 몹시 긴장하며 말을 하지 않는 것을 '선택적 함묵증'이라고 합니다. 부모, 가족, 가까운 사람들과의 의사소통에는 전혀 문제가 없는데, 낯선 사람들을 대할 때, 낯선 상황에서 극도로 긴장했을 때, 혹은 유치원이나 학교에서, 그 외에 특정한 장소나 상황에서 아예 말을 하지 못하는 것입니다. 밖에서는 입을 딱 다물고 있다가도 집에만 오면 막힘없이 말을 할 수 있을 뿐만 아니라 마치 밖에서 못했던 말을 몰아서 하겠다는 듯 하루 종일 떠드는 아이도 있습니다. 혹은 엄마 앞에서는

다소 버릇이 없을 정도로 대들기도 하고 말을 잘 하다가, 낯선 사람
앞에서는 지나칠 정도로 수줍어하고 겁을 먹고 아무 말도 못하기도
합니다. 이러한 증상으로 인해 학교생활이나 사회생활에 지장을 줄
정도로 문제가 되고 증상이 한 달 이상 지속될 때 선택적 함묵증이라
는 진단을 받을 수 있습니다.

　이러한 선택적 함묵증은 남자아이보다는 여자아이의 발병률이 좀
더 높은데, 전문가들의 설명에 의하면 자폐증보다는 불안증에 가까
운 증상이라고 합니다. 특히 가족 간의 심한 갈등이나 큰 사고, 갑작
스런 환경 변화 등으로 정신적인 충격을 겪었을 때 아이 내부의 뭔가
가 말문을 닫게 했을 수도 있습니다. 또한 외향적인 아이보다는 내성
적이고 소극적인 아이가 낯선 환경에서 극도로 위축되었을 때 비슷
한 증상이 나타날 수도 있다고 합니다.

편안한 의사소통 분위기를 만들자

　선택적 함묵증을 치료하기 위해서는 부모의 기다림과 끈기가 가장
필요합니다. 아이의 언어기능 자체에 문제가 있는 것이 아니라 심리
적인 문제인 경우가 많으므로, 자꾸 말을 억지로 시키거나 교정해주

려 하지 않는 것이 좋습니다.

첫째, 억지로 말을 하라고 야단치거나 강요하지 말아야 합니다.

함묵증이라는 것은 아이가 일부러 말을 안 하는 것이라기보다는 말을 하고 싶은데도 하지 못하는 것임을 이해해야 합니다. 아이로서도 입을 열지 못해 몹시 힘들어하고 있기 때문에 강요나 꾸중, 비난은 아이를 더 경직되게 만들어 역효과를 낳습니다.

둘째, 말이 아닌 모든 방법, 즉 몸짓, 손짓, 표정 등 비언어적인 방법으로 의사소통을 할 수 있도록 자연스럽게 유도해주세요.

낯선 곳에 데려갔을 때 말을 하지 않는다면 아이의 시선을 살펴보고 "저 빵 먹고 싶어? 저 빵을 사자는 뜻이구나?" 하면서, 아이가 말을 하고 있지 않더라도 마치 아이와 의사소통을 하고 있다는 듯한 태도를 취해주는 것입니다. 이때 아이가 고개를 약간 끄덕이거나 손가락으로 가리켰을 때 "아, 저 빵을 먹고 싶구나." 와 같이 긍정적인 반응을 보여주어야 합니다. 이렇게 말이 아니더라도 의사소통을 계속 하고 있다고 느끼면 낯선 장소에서의 아이의 불안감을 줄이는 데 도움이 됩니다.

셋째, 다양한 의사소통 놀이를 함께 해주세요.

장난감 전화기로 통화하는 시늉을 하는 놀이, 집에서 말을 할 때 녹음기로 목소리를 녹음해보고 들어보는 놀이, 번갈아가며 이야기하기, 동화책을 한 줄씩 혹은 책속 주인공의 역할을 맡아 번갈아가며 읽기 등 다양한 방식으로 대화를 유도하는 놀이들이 효과적입니다.

넷째, 아이를 놀이터에 데려가거나 친구들을 집으로 초대해 친구들과 자주 놀게 해주되, 부모님이 아이 곁에서 지켜봐 주세요.

그리고 "지원이도 이거 같이 하고 싶대." 처럼 아이가 그때그때 하고 싶어 하는 말을 대신 표현해주어, 친구들과의 자연스러운 관계와 소통의 문을 열도록 거들어 주세요.

다섯째, 편안하고 안정적인 가정환경을 만들어주세요.

아이가 말을 하지 못하는 것에 대해 탓하거나 강박관념을 주는 분위기, 특히 아이가 어릴 때부터 부모님이 일방적으로 아이를 통제하려 하거나 말과 행동을 일일이 지적하고 훈육하려 하는 분위기의 가정에서 아이들은 심리적으로 위축되고 낮은 자존감을 형성하게 됩니다. 가장 중요한 건 가족 구성원 모두가 자신의 희로애락의 감정 표현을 풍부하게 하고 대화를 많이 하는 편안한 가정이어야 아이의 정서도 안정된다는 점입니다.

[tip] 왜 갑자기 말을 더듬을까?

특정 상황에서 아예 입을 열지 못하는 함묵증 외에도, 말을 잘 하던 아이가 갑자기 말을 어눌하게 하며 더듬는 경우가 있습니다.

이런 증상이 3세 전후로 나타났다면 그것은 그저 언어 발달 과정의 일부일 수 있습니다. 하고 싶은 말은 폭발적으로 많아지는데 표현력에는 한계가 있어 나타나는 일시적 현상일 수도 있습니다. 그래서 시간이 지나면 자연스럽게 나아지므로 심하지만 않다면 내버려두고 기다려줘도 괜찮습니다.

그런데 5-6세를 전후로 하여 말을 여태 잘 하던 아이가 갑자기 말을 어눌하게 하며 부모를 답답하게 하는 경우가 있습니다. "트, 트, 트, 텔레, 텔레비전." 하는 식으로 특정 발음들을 습관적으로 더듬는 경우도 있고, 집에서는 괜찮은데 낯선 사람 앞에서는 더듬는 경우도 있습니다.

이 시기에 갑자기 말을 더듬는 것은 불안증의 한 종류인데, 갑작스러운 심리적 충격이 원인일 수 있으므로 최근 아이에게 무슨 일이 일어났는지 면밀히 살펴보아야 합니다. 큰 사건이나 아동학대 때문일 수도 있으므로 아이가 가정에서 혹은 어린이집이나 유치원에서 어떤 일이 있었는지 잘 알아보는 것이 좋습니다.

정신적 충격과 상처가 원인

심리적 불안으로 인해 말을 더듬는 증상은 언어적 치료보다는 아이 내면의 상처를 치유하는 데 중점을 두어야 합니다.

이때 부모님이 가장 하지 말아야 할 행동은 말을 자꾸 해봐야 된다며 일부러 여러 사람들 앞에 아이를 세우고 말을 시키는 것입니다. 말을 해볼 기회를 자주 줘야 되지 않을까 하고 친척들이나 낯선 사람들 앞에 세우는 것은 아이의 긴장과 불안감을 가중시킬 뿐입니다. 만약 아이가 느끼는 심리적 부담감과 압박감이 너무 커지면 말을 더듬는 것이 아니라 입을 아예 다물어버리는 함묵증을 유발할 수도 있으니 부모의 조급함을 앞세우지 말아야 합니다.

특정한 사건이 없었는데도 말을 갑자기 더듬는다면 부모님의 평소 양육태도를 되돌아볼 필요도 있습니다.

첫째, 평소 아이를 자주 야단치지 않았나요?

부모에게 야단을 자주 맞거나 말과 행동에 대해 지적을 많이 당하는 아이들 중 말을 갑자기 더듬는 아이가 많습니다. 아이를 과도하게 통제하고 간섭하며 하나에서부터 열까지 모든 것을 교정해주려는 부모로 인해 아이가 늘 심리적으로 의기소침해 있고 불안해 하기 때문입니다. 위축된 심리상태 때문에 아이가 자신도 모르게 말을 더듬는데, 말을 더듬는다며 더욱 꾸중을 하면 증세가 더 악화될 수밖에 없습니다.

둘째, 공공장소나 여러 사람이 보는 곳에서 아이를 꾸중한 적은 없었나요?

아이를 혼낼 때 의외로 많은 부모가 공공장소나 여러 사람이 보는 데서 아이를 야단치곤 합니다. 훈육을 위해서라고 하지만 아무리 어린 아이라 하더라도 그런 경험은 지울 수 없는 수치심으로 남게 됩니다. 수치심이 쌓여 아이를 위축시키면 말을 더듬게 될 수 있습니다.

재촉은 금물! 느긋하게 경청해 주자

말을 더듬는 것을 듣고 있자면 부모 입장에서 답답하고 속상해서 아이를 재촉하거나 야단을 치게 되기 쉽습니다. 하지만 아이에게 가장 필요한 것은 부모의 꾸중이 아니라 공감과 이해입니다.

아이 말을 잘 들어줄 사람은 이 세상에 부모밖에 없습니다. 언젠가는 꼭 호전될 것이라는 것을 믿고 느긋하고 편안한 마음으로 아이를 대해야 아이의 불안한 심리도 치유될 수 있습니다. 아이의 마음을 보듬어주어 증상을 호전시키기 위해서는 다음과 같은 태도를 가져야 합니다.

첫째, "아니지. 틀렸어. 다시 말해 봐." 라는 말을 하면서 아이의 말 한 마디까지 매번 지적하거나 가르치려 들지 말아야 합니다. 아이 말을 중간에서 자르면서 "그렇게 말하지 말랬지. 다시 말해 봐." 라며 교정해주려는 훈육태도도 고치는 것이 좋습니다.

둘째, 듣고 있기에 답답하더라도 재촉하지 말고 끝까지 경청해 주세요. 말을 더듬어서 가장 답답한 사람은 부모가 아니라 아이 자신입니다. 느리고 답답하더라도 아이가 자기 할 말을 끝낼 때까지 잘 들어주고, 긍정적인 맞장구를 쳐서 자신감을 북돋워주도록 합니다.

셋째, 부모와 동화책을 번갈아 읽는 시간을 자주 갖습니다. 부모님이 먼저 읽어주고 아이가 따라 읽어도 되고, 한 줄씩 번갈아 읽어보는 것도 좋습니다. 책을 읽는 행위는 정서적 안정감을 주고 언어치료 자체로도 효과적입니다.

가장 중요한 것은 아이 마음속에 자신감이 자라는 것입니다. 불안감이 사라지고 자신감이 키워질수록 말을 더듬는 횟수와 정도가 점점 줄어들게 됩니다.

엄마와 한시도
떨어져 있지 않으려 해요

　민혁이(7세, 남)는 그동안 유치원 생활을 거의 제대로 하지 못했습니다. 매일 아침 엄마와 떨어지지 않겠다며 떼를 쓰느라 결국 유치원에 등원하지 못한 날이 등원한 날보다 더 많았기 때문입니다. 어떤 날은 아침을 먹일 때부터 징징거리다가 입에 있던 음식물을 뱉어내고 헛구역질을 할 정도로 말썽을 부리는 통에 아이를 진정시키느라 한나절이 그대로 지나가기도 하고, 또 어떤 날은 멀쩡히 일어나 옷까지 차려 입히는 데 성공했지만 유치원 통학 차량이 도착하자 안 타겠다고 울고 발버둥을 치며 제 치맛자락에 매달리는 통에 등원을 포기해야 했습니다.

　유치원이 싫거나 친구들과 어울리지 못해서 그런 건 아닌가 싶었지만, 꼭 그런 건 아닌 것 같았어요. 한 번은 아이를 데리고 유치원에 가서 선생님에게 양해를 구하고 아이가 수업을 받는 옆에 계속 있어봤습니다. 그러자 아이는 안심한 듯 아무 문제없이 수업도 잘 받고 친구들과도 어울려 노는 것이었습니다. 그러면서 다음 날에도 엄마와 유치원에 함께 가자고 졸라대었습니다.

민혁이가 이런 증상을 보이기 시작한 건 제가 직장을 잠시 쉬고부터입니다. 저는 민혁이가 6살 때까지 직장생활을 하다가 직장을 잠시 쉬고 집안일만 하게 된 지 1년 정도 되었습니다. 아이를 워낙 어릴 때부터 어린이집에 보내야 했는데, 엄마와 안 떨어지겠다고 울고 불고하는 어린 아이를 떼놓고 출근해야 하는 게 괴로웠지만 어쩔 수 없었습니다. 시간이 지나자 어느 정도 아이도 적응하는 것 같았고요. 그런데 제가 집에 있고부터 이런 일이 시작되어 난감합니다. 엄마와 안 떨어지려고 하는 우리 아이, 어떻게 해야 할까요?

뚝딱이 아빠 김종석 박사가 이야기하는…
이럴 땐 이렇게 해요~

민혁이는 애착의 대상과 분리될 때 비정상적일 정도로 극심한 불안과 공포를 느끼는 '분리불안 장애'를 겪고 있는 것으로 보입니다. 분리불안이 지속될 경우 초등학교에 입학하고 나서도 엄마 없이는 학교에 안 가려고 할 수도 있고, 학교에 보내도 학교생활에 적응을 못해 학업과 교우관계에 지장을 줄 수 있습니다.

낯선 환경에 대해 불안해하고 부모와 떨어지기 싫어하는 것은 어린 아이들이 누구나 한 번씩 겪고 지나가는 과정일 수 있습니다. 낯선 사람들 앞에 나서거나 발표하는 것을 지나치게 두려워하기도 하고, 익숙하지 않은 장소에 가야 한다는 불안감 때문에 수면장애와 섭식장애를 겪기도 하며, 주위를 두리번거리거나 손톱을 물어뜯는 등 눈에 띄는 증세를 보이기도 합니다.

어린 시절에 부모와 떨어져있는 불안감이 해소되지 않은 채 남겨졌거나 특정 사건으로 정신적 충격을 받았을 경우 분리불안 증상이 더욱 심해져 일상생활에 지장을 주는 경우도 있습니다.

민혁이의 경우에도 직장생활을 하는 어머니와 떨어져야 했던 경험이 아기였을 때부터 내면에서 해소되지 않고 있다가, 엄마가 집에 있게 되자 또 다시 엄마가 떠나게 될까봐 불안감이 극대화되었을 것입니다. 자기가 유치원에 간 사이에 엄마가 어디론가 떠나버릴 수도 있다고 여기기 때문입니다.

늘 아이를 격려하고 있음을 인식시키자

유치원이나 학교에 어떻게 해서든 출석을 시켜야 한다는 생각에 무조건 아이를 떼어내려고만 하면 아이의 불안감은 더욱 커질 수 있습니다. 따라서 처음에는 조금 불편하더라도 아이를 데리고 유치원에 함께 가서 교실 유리창 밖에서 혹은 약간의 거리를 두고 아이를 계속 지켜보아 주면서 엄마가 여기서 너를 응원해주고 있다는 제스처를 취해 줍니다. 아이가 엄마를 쳐다볼 때마다 너를 보고 있다, 기다려주고 있다, 응원해주겠다는 표정으로 아이를 보아주고, 집에 돌아올 때도 격려의 말을 많이 해줍니다.

그러면 아이도 유치원을 가는 것 자체에 대한 거부감과 불안감이 많이 줄어들 텐데, 이때부터는 "민혁이가 오늘 몇 시부터 몇 시까지는 엄마 없이 유치원에서 놀게 될 거야. 하지만 몇 시에는 엄마가 반드시 올 테니까 걱정하지 마."라고 하면서 엄마가 자리를 비우는 시간을 매일 조금씩 늘여보는 것입니다. 다시 돌아오겠다고 하는 시간 약속을 반드시 지켜 아이에게 신뢰감을 주고, 엄마 없이도 유치원 수업을 잘 받았다는 것에 대한 격려와 칭찬을 충분히 해주도록 합니다.

유치원에서 공부하고 노는 것이 얼마나 재미있는지에 대한 긍정적인 이야기를 아이에게 많이 해주어 아이가 유치원 등원에 대해 좋은 감정을 갖게 해주는 것이 좋습니다. 또 유치원이 아닌 집에서도 매일 규칙적인 생활을 할 수 있도록 도와주고, 아이에게 아무 예고 없이 외출을 하거나 갑작스런 환경 변화를 느끼게 해주지 않도록 합니다.

부모님이 민혁이에게 심어주어야 할 것은 '늘 네 곁에 있다' 는 믿음입니다. 이 믿음이 아이 마음속에 자리 잡고, 유치원에서 엄마와 떨어져 있다가 다시 엄마를 만나게 되는 시간이 늘 규칙적이라는 걸 인식하게 되면 아이의 분리불안도 훨씬 완화됩니다.

습관적으로
거짓말을 해요

  부모에게 자꾸 거짓말을 하는 연주(12세, 여) 때문에 걱정입니다. 가정교육도 엄격하게 시켜 남에게 피해를 주거나 예의에 어긋나는 말과 행동을 하지 않도록 가르쳤고, 아이 교육을 위해 완벽하지는 않지만 부족함 없는 환경을 만들어주고 있었다고 생각합니다.

  그런데 언제부턴가 아이가 눈도 깜빡 안 하고 아무렇지 않게 거짓말을 종종 해왔다는 것을 알고 뒤통수를 세게 얻어맞은 느낌이었습니다. 한 번은 친구의 학용품을 가져와놓고 "그 친구가 줬다."고 했는데 알고 보니 친구 물건을 동의 없이 훔쳐온 것이었습니다. 왜 친구 것을 얘기도 안 하고 가져왔느냐고 했더니 친구가 준 줄 알았다며 얼버무립니다. 또 한 번은 못 보던 고가의 휴대폰을 가지고 있기에 깜짝 놀라 물어보니 우연히 주웠다는 것이었습니다. 알고 보니 화장실에 갔다가 다른 친구가 놓고 간 것을 들고 와서 마치 자기 것인 양 열흘 가까이 사용하고 있었습니다. 얼른 수소문을 해 주인에게 돌려주고 그 아이의 부모님에게도 직접 사과를 했지만, 내 아이가 자꾸 왜 이러는지 도저히 이해가 가지 않았습니다.

  너무도 아무렇지 않은 얼굴로 거짓말을 할뿐더러, 핑계를 둘러대거나 우기거나 얼버무리며 당장의 상황을 모면하고 지나가려 하는 태도를 도저히 용납할 수 없었습니다. 어디서부터 어떻게 벌을 줘야 할지 막막합니다.

뚝딱이 아빠 김종석 박사가 이야기하는…

이럴 땐 이렇게 해요~

  아이들의 거짓말에는 두 종류가 있습니다. 하나는 인지발달상 아직 상상과 실제를 명확히 구분하지 못해 하는 유아기 아이들의 거짓말입니다. 유아들은 모든 사건을 자기중심적으로 인지하고 꿈과 현실을 분간하지 못하며 상상한 것을 진짜 있었던 것처럼 말하기도 합니다. 때로는 부모의 관심을 받기 위해 상상력을 더욱 부풀려 과장하기도 합니다. 이 시기의 거짓말은 어른이 볼 때에도 거짓말이라는 게 뻔히 보이고 아이가 성장하면서 자연스럽게 개선되기 때문에 큰 문제가 되지 않습니다.

  또 다른 거짓말은 자신의 잘못을 회피하거나 야단맞는 순간을 모면

하려고 둘러대기 위해 거짓말인 줄 알고 하는 거짓말로서, 주로 초등학생 연령대의 어린이들이 합니다. 아이가 거짓말을 한다는 건 그 행동이 잘못인 줄 안다는 증거입니다. 숙제를 안 했는데 했다고 하거나, 방과 후 밖에서 놀다 왔으면서 학교가 늦게 끝나 늦게 왔다고 하는 등, 부모에게 꾸중을 들을 것을 알고 그것을 피해 스스로를 보호하려고 거짓말을 하는 것입니다.

유아기의 상상력으로 인한 거짓말은 시간이 해결해주지만, 거짓말인 줄 알고 하는 어린이들의 거짓말은 반드시 훈육과 교육이 필요합니다. 그런데 아이를 훈육하기 위해 수치심을 주면서 무조건 야단부터 치려고 하면, 아이는 오히려 위기의 순간을 모면하기 위해 계속해서 거짓말을 하게 되어 교육적으로 역효과를 낳습니다. 거짓말을 하면 안 된다는 것을 깨닫기 전에, 부모의 꾸중을 회피하려는 마음만 생기기 때문입니다.

거짓말은 내면의 결핍감 때문이다

습관적으로 남의 물건에 손을 대는 도벽, 그릇된 행동을 해놓고 당장의 상황을 모면하기 위해 거짓말로 핑계를 둘러대는 것, 거짓말에 대해 죄책감을 느끼지 않는 것 등의 행동장애들은 아이의 내면에 뭔가가 결핍되어 있다는 뜻입니다. 흔히 어린이들은 도벽과 거짓말이 결합된 형태로 나타나곤 하는데, 연주의 경우가 그 대표적인 예입니다.

이때 부모님이 가장 먼저 해야 할 것은 당장 아이의 거짓말을 야단치고 벌을 주는 것보다, 아이가 어떤 마음으로 친구의 물건이나 휴대폰을 훔치고 싶었을지 그 심리를 알아주는 것입니다. 어렸을 때부터 엄격한 가정교육과 부모의 기대를 받고 자란 연주는 부모에게 응석을 부리거나 버릇없이 구는 것을 용납 받지 못하고 늘 짓눌리는 기분이었을 수 있습니다. 감정을 마음껏 드러내는 것보다는 참고 절제하는 법을 배워야 했을 것입니다.

성격상 자존심이 강하고 남 앞에서 돋보이는 것을 좋아해 내적 스트레스가 쌓여 있었고, 언제부턴가 남의 좋은 물건을 자기 것으로 만들어 친구들 앞에 과시하고 소위 말해 '있어' 보이는 것으로 욕구불만을 해소한 것입니다. 하지만 그것이 옳은 행동은 아니라는 것을 최소한 알고는 있기에 부모님에게 거짓말을 한 것입니다.

성인의 경우에도 거짓말을 잘하는 사람들은 대개 과시욕이 강한 경향이 있습니다. 남들 앞에서 과시하고 싶다는 건 자존심이 강하다는 뜻이고, 자존심을 유지하기 위해 이것저것 이야기를 만들어 자기를 지키려다 보니 거짓말이 새로운 거짓말을 낳게 됩니다.

연주가 친구의 학용품이나 휴대폰을 가져와 자기 것이라고 거짓말을 한 것은 그런 탐나는 물건들을 통해 남에게 자랑하고 과시하고 싶은 심리 때문이었음을 부모가 먼저 알아주어야 합니다. 그런 다음 훈육을 하되, 다짜고짜 꾸짖게 되면 아이가 수치심과 상처 때문에 마음의 문을 닫고 더 큰 거짓말을 하게 될 수 있으므로 주의해야 합니다.

연주처럼 자존심이 강한 아이에게는 그 자존심을 지켜주면서 도덕심을 가르치는 것이 좋습니다. 즉 당장의 상황을 모면하기 위해 거짓말을 한다면 곧 모든 사람이 알게 되기 때문에 오히려 더 부끄러운 상황이 벌어질 수 있다는 것을 차근차근 설명해주는 것입니다. 아울러 남의 것을 가지고 오면 안 된다는 것을 알려주고, 만약 갖고 싶은 것이 있다면 엄마, 아빠와 제일 먼저 대화를 하면 좋겠다는 것을 진심으로 아이에게 전달해야 합니다.

또한 그동안 아이에게 칭찬과 애정표현, 스킨십이 충분했는지를 부모님 자신이 돌아보고, 과도한 통제와 엄격함이 아이 마음속에 결핍감과 욕구불만을 불러일으키지 않았는지도 점검해야 할 것입니다.

[tip] 아스퍼거 증후군은 자폐증과 어떻게 다를까?

발달장애의 하나인 아스퍼거 증후군은 천재 물리학자 아인슈타인이 앓았던 질병으로도 잘 알려져 있습니다. 또 최근에는 영국의 오디션 프로그램을 통해 세계적인 스타가 된 여가수 수잔 보일이 아스퍼거 증후군을 앓고 있다고 고백해 화제가 된 적도 있습니다.

아스퍼거 증후군은 자폐증과 비슷해 보이지만 인지능력은 정상 수준이기 때문에 학업이나 언어적 기능에 있어서는 별 문제가 없습니다. 특히 자폐증과 달리 어린 시절에 언어 발달의 지연이 두드러지지 않는다는 특징이 있습니다. 또 자폐증은 대개 18개월 정도에 발견하는 반면, 아스퍼거 증후군은 만 5세 정도가 지나서, 심지어는 10세 전후에 진단이 되는 경우도 많습니다.

오스트리아 의사 한스 아스퍼거의 이름을 딴 아스퍼거 증후군의 가장 두드러지는 증상은 자기만의 독특한 세계에 있는 것 같다는 점입니다. 그런데 일반적으로 자폐증이 세상과 담을 쌓은 것 같다면, 아스퍼거 증후군인 사람들은 지적 능력이 정상적이어서 사람들과 어울릴 수도 있고 사회생활을 할 수도 있지만 사교성이 아주 부족하고 사회적인 관습에도 익숙하지 않습니다. 자기만의 특정 관심사에 너무 몰입돼 있어서 남들과의 대화에 융통성이 없어 보이기도 하고, 표정이나 대화 톤, 말의 억양이 특이해 보이기도 합니다. 사회성이 미숙하다 보니 남들의 농담이나 비유 등을 잘 알아차리지 못하기도 하고, 엉뚱한 주제를 너무 장황하게 계속 말하거나, 불쑥 떠오른 자기만의 생각을 내뱉기도 합니다.

그 원인을 신경학적 손상 때문으로 추정하고 있지만, 지적인 장애를 가진 것이 아니기 때문에 조기에 발견하여 잘 치료하면 정상인과 같은 수준으로 학교생활과 사회생활을 할 수 있습니다. 또한 자기가 좋아하는 특정 분야에서는 평균 수준 이상의 뛰어난 지적 능력을 발휘하기도 합니다.

5세에서 10세 사이, 즉 유치원 시기와 학령기에 증상이 나타나는 경우가 많으므로 아이가 특정 대상에 너무 집착하는 것 같거나 또래 집단 사이에서 사회성이 부족해 보인다면 전문적인 진단을 받아보게 하는 것이 좋습니다.

5장

등교 거부,
이렇게 해요

아이들은 또래들과의 관계를 통해 사회성을 배우고
남과 더불어 살 수 있는 인성을 발달시킨다.

그러나 각종 유해한 환경적 요인과 어릴 때부터의 과도한 정신적 스트레스, 특
히 인성교육이 부재하다시피 한 한국의 교육환경으로 인해 요즘 아이들은 남
과 어울려 생활하고 다른 친구를 배려하는 능력이 부족해졌다. 이로 인해 어린
이집과 유치원에서뿐만 아니라 초등학교에서 친구들 사이에 각종 문제를 일
으키고, 초등학교에서의 문제가 청소년기의 학교폭력 문제로 이어지는 경우
가 많다. 원만한 유치원생활 및 학교생활을 통해 성숙한 사회인으로 성장하게
하기 위해서는 부모의 관심과 교사의 전문적인 대처가 반드시 필요하다.

늘 친구 없이
혼자 놀아요

규진이(7세, 남)가 친구가 너무 없어서 걱정입니다. 유치원에서도 다른 친구들이 저희끼리 어울려 뛰어놀 때 구석에서 혼자 쪼그리고 앉아 장난감을 가지고 놀 때가 많고, 누구랑 친한지 물어봐도 아이들이 안 놀아준다며 시무룩한 표정을 보입니다.

처음에는 유치원을 옮겨 새 유치원에서 아직 적응을 못해서 그런 것이 아닐까 했지만 몇 달이 지났는데도 늘 어둡고 주눅이 든 채 혼자 노는 아이를 보니 마음이 아픕니다. 영어유치원에 다니던 규진이를 지금의 일반 유치원으로 옮긴 것은 영어유치원에서 아이가 적응을 못하고 영어에 오히려 흥미를 잃어 역효과를 일으키는 것 같아서였습니다. 그래서 마음 편하게 해주려고 고민 끝에 지금의 유치원으로 옮겼는데 예전과 달리 친구를 잘 사귀지 못하고 말수도 더 적어졌습니다.

친구 없이 혼자 노는 규진이의 마음을 어떻게 치료해줘야 할까요?

 **뚝딱이 아빠 김종석 박사가 이야기하는…**
이럴 땐 이렇게 해요~

대부분의 아이들은 5세 무렵부터는 사회성이 발달하면서 친구들과 노는 것을 부모와 노는 것보다 더 좋아하기 시작합니다. 유치원 시기에 형성된 사회성과 대인관계 양상이 성인까지 이어져 평생을 결정한다고 할 정도로 이 시기는 또래들과의 관계에서 많은 것을 배우는 때이기도 합니다.

규진이가 영어유치원에서 적응을 못한 이유가 정확히 무엇인지는 모르겠지만 아이는 아마 그때부터 이미 마음의 상처를 경험했을 가능성이 큽니다. 그곳에서의 언어교육 방식이 아이의 성장발달과 맞지 않았을 수도 있고 뭔가가 아이 마음속의 자신감을 죽였거나 트라우마로 작용했을 수도 있습니다.

자존감과 자신감을 잃은 상태에서 다시 새로운 유치원에서 새로운 환경에 적응해야 했기 때문에 선뜻 마음의 문을 열지 못하고 친구 사귀기에도 애를 먹는 것일 수 있습니다.

부모와의 정서적 안정감이 먼저다

친구를 못 사귀고 매사에 자신감을 잃은 아이 때문에 고민하던 부모님들이 아이의 자신감을 키워준다며 강압적인 교육을 시키는 경우도 적지 않습니다. 특히 남자아이의 경우 아이의 현재 상황을 고려하지 않은 채 태권도나 웅변학원에 보내거나 단체생활을 경험하는 캠프에 보내기도 합니다.

물론 아이에 따라서 그런 여러 가지 외부기관에서의 새로운 경험이 도움이 될 수도 있겠지만, 자신감을 잃고 사회성이 부족한 아이에게 가장 우선시되어야 할 것은 가정에서의 정서적 안정감과 가족 구성원끼리의 건강한 사회성을 익히는 것입니다.

아이의 사회성이란 어느 날 갑자기 밖에서 발휘되는 것이 아니라 이미 유아 때부터 부모와의 관계에서 습득하는 것이기 때문입니다. 그래서 친구들과 잘 어울리고 사회성이 좋은 아이들을 잘 살펴보면 어려서부터 부모와 형제가 원만한 관계를 이루는 가정환경에서 자란 경우가 대부분입니다.

평소 부부 사이에, 부모와 자녀 간에, 그리고 형제끼리 애정표현과 대화를 충분히 하는 가정, 가족끼리 함께 어울리는 시간을 자주 갖는 가정, 아이에게 칭찬을 많이 해주어 긍정적인 자존감을 갖게 해주는 가정의 아이들은 친구관계도 원만하고 사회성도 좋을 것입니다.

아빠와의 시간을 통해 자신감을 길러주자

남자아이들의 경우 어렸을 때 아버지와 어떠한 관계를 가졌느냐에 따라 성인이 되었을 때의 사회성과 리더십이 거의 결정된다고 해도 과언이 아닙니다. 딸은 아버지와의 관계를 통해 여성성을 배우고 아들은 아버지와의 관계를 통해 남성적 롤모델과 사회성을 배운다고 합니다.

또래들과의 관계에서 자신감을 잃은 규진이를 위해 아빠가 좀 더 많은 시간을 내어 아이와 놀아주고 교류하는 시간을 갖는다면 아이의 자존감이 놀라울 정도로 향상될 것입니다. 남자아이의 특성에 맞게 아빠와 몸을 부딪쳐가며 활동적인 놀이나 운동을 하는 기회를 자주 갖고, 아빠가 아이의 이름을 자주 불러주고 칭찬을 해주어 자신감을 심어주는 것이 좋습니다. 특히 아이가 자신의 생각과 고민을 솔직하게 털어놓을 수 있는 분위기를 조성해주는 것이 중요합니다.

학교에 가기
싫다고 울어요

올해 초등학교에 입학한 혜정이(8세, 여)는 유치원 생활도 잘하고 친구들과도 잘 지내는 아이였습니다. 그런데 학교에 입학한 후부터는 영 흥미를 못 갖고 적응도 잘 못하는 것 같아 걱정됩니다. 얼마 전부터는 아침마다 학교에 가기 싫다며 울음을 터뜨리기도 하고, 갑자기 배가 아프다며 주저앉는 통에 결석을 한 적도 있습니다. 아침에 잘 일어나던 아이가 잠자리에서 안 일어나겠다고 징징거려 지각을 하기도 하고요.

어떻게 해서든 억지로 옷을 입히고 가방을 챙겨 학교에 보내고 있기는 하지만 아침마다 학교 등교시키느라 전쟁을 치르는 느낌입니다. 어떻게 해야 아이가 학교에 적응하고 흥미를 갖게 할 수 있을까요?

 **뚝딱이 아빠 김종석 박사가 이야기하는…**
이럴 땐 이렇게 해요~

　혜정이의 경우와 같은 등교 거부증은 초등학교에 새로 입학한 아이들에게서 종종 볼 수 있는 일종의 불안증입니다. 부모님들에게 있어 자녀의 초등학교 입학은 기쁘고 뿌듯한 통과의례의 하나이지만, 어린 아이들에게 있어 학교라는 곳은 난생 처음 경험하는 거대하고 낯선 공간입니다. 생애 최초의 크나큰 사건이 아닐 수 없죠. 처음 만나는 친구들의 숫자도 유치원 때보다 훨씬 많아지고, 하나부터 열까지 모든 것을 새로 익혀야 하는, 이전과는 전혀 다른 세계입니다. 그러다 보니 아이 입장에서는 즐거움보다는 불안감과 두려움을 더 갖는 것도 당연지사죠.

　대부분의 아이들은 시간이 지나면서 점차 불안감도 줄어들고 적응을 하게 되지만, 두려움을 쉽게 떨쳐내지 못해 등교를 거부하는 아이들도 간혹 있습니다.

　등교 거부 증세를 보이는 아이들은 흔히 아침에 학교 가는 시간을 최대한 지연시키기 위해 배가 아프다거나 열이 난다거나 어지럽다고 하는 등 신체적인 통증을 호소하는 경우가 많습니다. 대부분 신경성으로 인한 꾀병인 경우가 많지만, 꾀병을 부린다며 야단을 치면 오히려 아이의 공포심을 더 부추길 수 있으므로 주의해야 합니다. 통증을 호소하는 것은 아이들이 자신의 두려움을 부모에게 전달하기 위해 나름대로 도움 요청을 하는 것이기 때문입니다.

간신히 학교에 등교를 시켰다 하더라도 학교에서 울고 떼를 쓰거나, 수업 시간에 소동을 일으켜 조퇴하기도 합니다. 집에 와서도 오늘 하루 학교생활에 대해 즐겁다는 표현을 하는 것이 아니라 선생님이 싫다거나, 친구들이 마음에 안 든다거나, 학교에서 했던 공부가 재미가 없다는 등 부정적인 표현을 합니다.

낯선 환경에 대한 두려움 줄이기

등교 거부 증세를 개선시켜주기 위해서는 학교가 싫은 정확한 원인이 무엇인지부터 알아내야 합니다. 학업을 따라가는 데 적응을 못하는 것인지, 선생님의 어떤 말이나 행동으로 인해 아이가 뭔가 상처를 입은 것인지, 교우관계에 문제가 있거나 괴롭히는 친구가 있는지, 등하교를 하는 과정에서 어떤 사건이 있었던 것은 아닌지 등등 원인은 매우 다양합니다. 그 원인이 무엇이냐에 따라 행동치료와 심리치료 등 다양한 접근방법이 있을 수 있습니다.

가장 중요한 것은 아이와의 충분한 대화를 통해 아이 마음속의 두려움이 무엇 때문인지 파악하는 것입니다. 오늘 하루 어떤 일이 있었고 기분이 어땠는지에 대해 아이의 이야기를 귀 기울여 듣다 보면 어른이 미처 생각하지 못한 부분에서 답을 발견할 수도 있습니다. 단, 마치 아이를 감시하거나 흠을 잡으려고 취조하듯 캐묻지 않도록 주의해야 합니다.

　학교라는 낯선 곳에서 적응하는 두려움과 불안감을 줄이기 위해서는 평소 아이가 자기 할 일을 스스로 할 줄 아는 독립심을 키워주는 부모의 양육태도가 바탕이 되어야 합니다. 옷을 입거나 소지품을 챙기거나 공중화장실에 가는 등 그 연령대의 아이라면 충분히 혼자 힘으로 할 수 있는 일들까지 부모가 일일이 다 해주는 과잉보호 어린이의 경우, 부모에 대한 의존 심리가 지나쳐 학교 가는 것을 두려워할 수도 있습니다. 더 이상 품 안의 아기가 아니라 제 몫의 일들을 스스로 할 수 있고 낯선 상황이 닥쳐도 극복할 줄 아는 어린이로 성장할 수 있도록 부모도 아이를 조금씩 놓아주어야 합니다.

　또 유난히 학교에 적응을 못하는 아이의 경우 친구들에게 놀림을 받거나 소외를 당하기 때문일 수도 있으므로 아이의 교우관계에 대해서도 부모가 면밀히 관찰하고 아이의 이야기에 귀 기울여줄 필요가 있습니다.

왕따를
당하는 것 같아요

태호(11세, 남)가 지금의 학교에 전학을 온 것은 두 달쯤 전이었습니다. 성격이 외향적이거나 남 앞에 앞장서는 스타일은 아니지만 그렇다고 해서 학교생활을 잘 못하거나 친구를 못 사귀는 아이는 아니었습니다. 그런데 이번에 전학을 온 다음부터는 학교에서 돌아오는 아이 얼굴이 늘 시무룩하고 어두워 보였습니다. 처음에는 아직 새로운 학교와 친구들에 적응을 하지 못해 그런 것인가 보다 하고 대수롭지 않게 넘겼습니다.

그런데 언제부턴가 아이 입에서 "학교 가기 싫어."라는 이야기가 나오기 시작했습니다. 그러면서 하는 말이 친구들이 자기를 놀린다는 거예요. 처음에는 별 것 아닐 거라 생각했는데 그 후에 이어진 아이의 이야기에 저는 깜짝 놀라지 않을 수 없었습니다. 지방에서 전학 온 우리 아이의 사투리 억양을 가지고 반 아이들이 놀린다는 것이었습니다. 그것만 해도 기가 막힌데 며칠 전에는 다른 아이한테 얼굴을 맞고 오기까지 했습니다.

한 번도 겪어보지 않은 일이라 너무 화가 나고 어이가 없습니다. 아이의 이야기를 종합해 보면 반 친구들 중 누구도 태호를 자기네 그룹에 끼워주지도 않고 저희들끼리 작정한 듯이 놀리기만 한다는데, 이것이 말로만 듣던 '왕따' 라는 것일까요? 내 아이가 왜 그런 일을 당해야 하는 건지 이해도 안 되고, 어떻게 조치를 취해야 할지 앞이 깜깜합니다.

뚝딱이 아빠 김종석 박사가 이야기하는…
이럴 땐 이렇게 해요~

학교생활을 하면서 다양한 성격과 가정환경을 가진 아이들이 때로 반목과 갈등을 빚는 것은 당연한 성장과정의 하나일지도 모릅니다. '애들은 싸우면서 큰다' 는 옛 말처럼, 친구들끼리 다투기도 하고 화해하기도 하면서 성인기에 필요한 인간관계와 사회생활의 기초를 배워나가는 것이니까요.

하지만 요즘 아이들의 또래 문화는 예전과 비슷한 듯하면서도 다른 점도 꽤 많아 보입니다. 친구들 사이에서 소외를 당하거나 놀림을 당하는 것, 새로운 환경에 적응하기 위해 진통을 겪는 것, 친구들과 편을 갈라 권력의 우열을 다투는 일들이 어느 시대에나 있었던 학교생활의 한 부분 같지만 그 정도가 생각보다 심하기 때문입니다.

　외모를 가지고, 장애를 가지고, 옷차림이나 빈부 차이를 가지고 약자를 놀리는 문화가 과거에도 어느 정도 있어 왔지만 요즘 아이들은 일단 따돌림을 하기로 정한 아이에 대해서 '왕따를 당하는 건 네 탓이니 당해도 싸다' 는 식으로 견제하는 경우가 많습니다. 또 중고등학생의 왕따 문화를 초등학생들까지 따라하기도 하는데, 어린 아이들이라고는 믿어지지 않을 정도로 교묘하고 조직적인 경우도 있어 어른의 입장에서 너무 쉽게 생각해서는 안 됩니다.

　이런 가운데 또래 집단에서 따돌림을 당하는 아이는 자존감이 떨어지고 늘 우울감과 고립감을 안고 지내면서 마음의 상처를 크게 입게 됩니다.

아이를 탓하는 말은 절대 하지 말자

　자녀가 다른 아이에게 괴롭힘을 당하고 왔을 때 부모는 억장이 무너집니다. 몹시 흥분한 나머지 "왜 맞고 다녀! 당하고만 있지 말고 너도 때려."라고 하기도 하고, 심지어 "네가 어떻게 했길래 애들이 널 괴롭혀?”라면서 아이를 탓하기도 합니다.

그런데 아이가 괴롭힘이나 왕따를 당했을 경우 부모가 절대 하지 말아야 할 것이 바로 아이를 탓하는 말을 하는 것입니다. 이미 큰 고통을 당하고 있었던 아이에게 잘못이 있는 것처럼 몰아세우는 순간 아이는 부모에 대한 마음의 문마저 닫아버립니다. 가장 힘이 되어주어야 할 부모조차 자신의 편이 아니라고 느끼기 때문입니다.

만약 아이가 친구들로부터 괴롭힘을 당했다는 사실을 알게 되었다면 제일 먼저 아이의 마음을 어루만지고 고통에 공감해주어야 합니다.

“그동안 힘들었겠구나. 엄마가 알아주지 못해서 미안해. 네가 학교에 가기 싫다고 했을 때 알았어야 했는데 엄마가 몰랐어.”

부모는 내 편이며 부모만큼은 내 뒤에서 든든하게 나를 믿어주고 있다는 것을 아이에게 충분히 알려주는 것입니다.

그저 아이들 장난이라고 하기엔 괴롭힘의 정도가 심해 보이고 기간이 길었다면 담임교사나 학교 측에 도움과 중재를 요청하여 해결방법을 찾도록 합니다. 그리고 문제가 해결될 때까지 부모가 끝까지 최선을 다해 노력할 것이라는 것을 아이에게 더욱 확신시켜주어야 합니다.

또한 평소 아이가 자신감 있는 태도를 취할 수 있도록 부모가 긍정적인 격려와 칭찬의 말을 많이 해주는 것이 좋습니다. 아이의 이야기에 늘 관심을 갖는 태도를 취해주고, 학교에서 있었던 일들을 아이가 즉시 부모에게 털어놓으며 대화를 할 수 있는 가정의 분위기를 조성합니다. '나는 소중하고 가치 있는 아이이다' 라는 것을 자각하고 있는 아이일수록 친구들과도 긍정적으로 어울릴 수 있고 어려운 일이 있을 때 극복하는 힘도 강해집니다.

[tip] 왕따의 징후, 이런 것들이 있다

친구들로부터 괴롭힘을 당하거나 불미스러운 일을 당하고도 내색을 잘 하지 않는 아이들이 있습니다. 성격이 소극적이고 소심한 아이, 혹은 부모의 양육태도가 지나치게 위압적이고 수직적인 아이들은 학교에서 부당한 일을 당하고도 부모에게 혼날까 봐 이야기를 안 하려 들기도 합니다. 그런 경우 아이가 무슨 일을 겪고 있는지 부모가 전혀 알아채지 못하기도 합니다.

따라서 평소 아이와 소통을 많이 하고 아이가 자신의 일을 언제든지 부모에게 이야기할 수 있게 양육하는 것이 중요합니다. 그리고 다음과 같은 모습들을 보이면 아이가 학교에서 누군가에게 괴롭힘을 당하고 있는 징후일 수 있으니 반드시 아이의 상황을 관심 있게 점검하도록 합니다.

- 친구가 별로 없거나, 평소에 친구 이야기를 잘 안 하려 듭니다. 다른 아이들이 있는

곳을 피해 다니기도 합니다.

- 갑자기 말수가 적어지거나, 신경질적이고 불안하고 초조해하거나, 시선을 회피하며 다른 사람의 눈치를 보는 듯한 기색이 두드러집니다.

- 수면장애에 시달려 낮에도 피곤해 합니다. 악몽을 꾸느라 밤중에 자주 깨기도 하고 불면증, 야뇨증에 시달리기도 합니다.

- 학교에 가기 싫어합니다. 등교 시간이 다가오면 두통, 복통을 호소하거나 식욕이 저하되어 밥을 잘 먹지 못합니다. 이로 인해 지각이나 조퇴가 전보다 잦아집니다.

- 학용품이나 옷을 잃어버렸다고 말하는 빈도수가 늘어납니다. 아이가 소중히 여기던 소지품이나 고가의 물건을 잃어버렸다고 얼버무리거나 친구에게 빌려줬다고 둘러댑니다.

- 용돈을 올려달라고 하거나, 학용품이나 책을 산다며 돈을 더 달라는 횟수가 늘어납니다. 용돈에 대한 요구가 잦아지면 아이가 학교에서 다른 누군가로부터 돈을 빼앗기고 협박을 당하고 있는 것일 수 있습니다.

- 휴대폰으로 문자나 채팅을 하는 시간이 갑자기 길어집니다. 요즘 아이들은 채팅이나 SNS를 통해 다른 친구를 괴롭히는 행위를 초등학교 때부터 하기도 합니다.

- 일기장이나 공책에 '죽고 싶다' '죽이고 싶다' 와 같은 자학적인, 혹은 공격적인 낙서를 합니다.

[tip] 부모도 알아둬야 할 요즘의 왕따 문화

2003년 미국 캘리포니아대학의 신경과학자 나오미 아이젠버거는 사람이 집단 내에서 소외를 당할 때와 신체적인 고통을 받을 때, 고통을 인지하는 뇌의 중추가 어떻게 작용하는지를 연구했습니다. 실험 결과 신체적인 고통을 당할 때 반응하는 중추와 따돌림을 당할 때 반응하는 중추가 같았다고 합니다. 즉 인간의 뇌는 신체적인 고통과 소외감으로 인한 심리적인 고통을 똑같은 것으로 인식한다는 것입니다.

그만큼 집단 내에서 따돌림을 당한다는 것은 아이가 혼자 힘으로는 감당할 수 없는 고통입니다. 약자를 괴롭히는 왕따 문화가 두드러지는 곳은 주로 군대, 학교, 회사처럼 수직적 서열관계가 있는 폐쇄적인 집단입니다. 하지만 상하 위계서열을 중시하는 한국의 사회분위기상, 약자나 소수자를 배척하는 문화는 우리 사회 전반에 만연되어 있다고 볼 수 있습니다. 근래에 다문화가정이 늘어나면서 다문화가정 아이들에 대한 따돌림 문화가 사회적인 문제가 되고 있는 것도 한 예입니다.

아이들 장난으로 넘겨선 안 되는 이유

왕따 문화라고 하면 흔히 중고등학생들 사이에서 벌어지는 것으로 생각하는 경우가 많고, 또 애들끼리 그럴 수도 있는 거라며 대수롭지 않게 여기기도 합니다. 하지만 요즘에는 초등학교에서의 왕따 문화도 점점 심각해지고 있고, 아이들끼리의 철없는 장난이라기엔 그 정도가 심한 경우도 적지 않습니다.

'왕따', '은따', '따시키다 (한 아이를 정해 따돌리다)', '생까다(무시하다)' 와 같은 왕따와 관련된 은어들을 이미 초등학생들도 일상적으로 사용할 정도인데, 몇몇 아이들끼리 한 아이를 괴롭히는 차원을 넘어 교묘한 조직성을 띠기도 합니다. 이를테면 학교에서 제일 서열이 높은 소위 '일진'인 아이가 있으면, 그 아이는 단지 힘세고 못된 아이가 아니라 다른 아이들에게 대한 처분 권리를 가진 절대적인 존재로 인식된다는 것입니다. 그래서 그 아이가 누군가를 왕따 시키자(=생까자)고 정하면 아무도 그 말을 거역하지 못하고 따라야 합니다.

초등학교에서 벌어진 실제 사례 중에, 공부도 잘하고 선생님들 사이에서도 모범생으로 꼽히고 아이들 사이에서도 인기가 많아 학교 회장을 지내는 6학년 남자 어린이가 있었습니다. 알고 보니 그 아이가 그 학교의 '일진'이었는데, 다른 아이들을 괴롭힐 때 그 아이가 나서는 것이 아니라 반드시 다른 아이들을 통해 괴롭힌다는 것이었습니다. 겉으로 드러나지도 않을뿐더러, 괴롭힘을 당한 아이가 증거를 제시할 수도 없고, 지목한다 하더라도 오히려 어른들이 믿어주지 않는 상황이었던 것입니다. 이처럼 어른들의 '조폭 문화'를 방불케 할 정도로 치밀하고 영악한 것이 요즘 어린이들과 청소년의 왕따 및 학교폭력 문제의 특징입니다.

왕따의 도구가 된 스마트폰

요즘 아이들의 왕따 문화의 또 하나의 중요한 특징은 보이지 않는 곳에서 더 교묘하게 일어난다는 점입니다. 초등학생들도 인터넷과 휴대폰을 능숙하게 사용하게 되면서 인터넷을 통해, 혹은 스마트폰 채팅 프로그램을 통해 친구들과 교류하고 소통하는 경우가 많은데 바로 이런 사이버 공간에서의 네트워크가 왕따의 무대가 되고 있는 것입니다.

얼마 전 한 여고생이 스마트폰 채팅을 통해 괴롭힘을 당하다 정신적 상처를 이기지 못하고 자살한 사례처럼, 아이들끼리 단체채팅방에서 채팅을 하며 한 아이를 집단 공격하는 경우가 있습니다. 채팅에 참여하지 않으면 학교에서 왕따를 시키니 하는 수 없이 채팅방에 입장해야 하기도 하고, 여러 아이들이 한 아이를 채팅방에 초대해서는 단체로 인신공격을 하며 괴롭히기도 합니다. 혹은 괴롭힘의 대상으로 지목된 한 아이만을 초대하지 않아 아예 무시하기도 하고, 여럿이 한 친구를 대화방에 초대한 다음 그 아이가 입장하자마자 일제히 퇴장해버리는 등 괴롭힘의 수법도 다양합니다.

전문가들의 이야기에 따르면 인터넷과 스마트기기를 이용한 사이버 왕따는 현실세계에서의 왕따 문화를 공간적으로, 시간적으로 확장시키는 것이 주된 특징이라고 합니다. 예전에는 학교에서만 괴롭힐 수 있었다면 이제는 휴대폰을 손에 쥐고 언제 어디서나 누군가를 괴롭힐 수 있기 때문입니다.

전문적인 예방 프로그램이 필요하다

또래 집단에서 따돌림을 당하고 심리적, 신체적 폭력을 당하는 아이들이 겪는 고통은 상상을 초월합니다. 피해를 당하는 시간이 길어질수록 아이의 자존감은 비정상적으로 낮아져, 나중에는 스스로를 정말로 하찮고 무시당할 만한 존재라고 여기고 삶의 의욕을 잃어버리기도 합니다.

따라서 학교에서의 왕따와 폭력 문제를 그저 그 아이 개인의 문제로 치부하고 방치하는 것은 더 큰 사회문제를 야기할 수 있습니다. 이를 해결하기 위해서는 피해자인 아이 개인을 탓하는 것이 아니라 학교와 학부모가 긴밀하게 협력하여 예방 프로그램을 만들고 실천해야 합니다. 외국에서도 학교폭력 및 왕따 문제를 해결하기 위해 전문적인 기관을 설립하는 추세이며, 실제로 북유럽에서는 정부 차원에서 학교 폭력 예방 프로그램 및 캠페인을 만들어 정부와 학교, 부모가 학교문화를 바꿔나가는 노력을 기울이고 있습니다. 우리나라 부모들도 이러한 현실을 제대로 인식하여 내 아이도 언제든 피해자나 가해자가 될 수 있음을 알아두어야 합니다.

친구를
때리고 괴롭혀요

유치원에 다니는 예진이(7세, 여)가 다른 친구들을 때린다는 것을 알게 된 건 최근의 일입니다. 같은 유치원에 다니는 예진이 친구의 부모님으로부터, 예진이가 그 아이의 얼굴을 할퀴어 큰 상처를 냈다는 연락을 받았기 때문입니다.

평소 집에서는 말도 잘 듣고 어리광도 많이 부리는 아이였기 때문에 처음에는 그 부모님의 말을 믿을 수 없었습니다. 그리고 뭔가 오해가 있었을 거라고 생각했습니다. 어린 아이들끼리 조금 툭탁거린 것을 가지고 과잉반응을 보이는 것이려니 하고 오히려 화가 났습니다. 아이들끼리 놀다가 다른 데서 조금 다쳐놓고 우리 아이를 탓하는 것 아닌가 싶기도 했습니다.

그러나 유치원 측의 중재 하에 상황을 알아보고자 유치원에 가서 상대방 아이 얼굴의 상처를 보았을 때, 그리고 예진이가 그 아이를 때리고 할퀸 장면이 찍힌 CCTV 영상을 보았을 때 털썩 주저앉고 말았습니다. 정말로 예진이가 소리를 지르고 그 아이를 밀치며 얼굴에 상처를 내는 모습을 볼 수 있었기 때문입니다.

 아이가 다른 친구와 자주 다투고 짜증을 많이 낸다는 이야기를 선생님으로부터 들어왔던 터였지만 그 정도일 줄은 몰랐습니다. 엄마로서 내 아이의 그런 모습을 처음 봤다는 게 충격적이고 슬펐습니다. 어떤 식으로 아이의 행동을 고쳐줘야 할까요?

뚝딱이 아빠 김종석 박사가 이야기하는…
이럴 땐 이렇게 해요~

 아이가 다른 친구를 때리는 등 폭력과 폭언을 휘둘렀을 경우 제일 먼저 들여다봐야 할 것은 아이의 마음속입니다. 내면에 심리적인 상처가 오래 지속된 아이가, 자신의 고통을 해소하기 위해 외부세계에서 대안을 찾고 타인에게 고통을 전가하면서 폭력을 휘두르는 것이기 때문입니다.

 실제로 청소년 학교폭력의 가해자로 지목된 아이들의 대부분은 그 내면에 오랜 세월에 걸친 분노와 고통이 누적되어 있습니다. 그보다 어린 유치원이나 초등학교 저학년 정도 되는 어린 아이들의 경우 저희끼리 싸우기도 하고 화해하기도 하는 가운데 사회화를 배우는 과정인 것은 맞지만, 아이의 폭력성이 두드러지고 특히 다른 친구들에게 물리적인 상처를 입힐 정도로 그 정도가 심하다면 반드시 아이의 내면의 상처가 무엇인지를 살펴보고 치료해주어야 합니다.

내면의 분노가 형성되는 원인은 여러 가지가 있지만, 흔히 자녀를 지나치게 억압하고 통제하는 부모 밑에서 자란 아이가 스트레스와 화를 쌓아두고 있다가 다른 친구들에게 해소하는 경우가 있습니다. 가정폭력의 피해자였던 아이가 청소년기와 성인이 되어 폭력의 가해자가 되곤 하는 것이 그 예입니다. 약자였던 자신이 당했던 폭력을 훗날 자기보다 약한 사람에게 되갚아주어 고통을 해소하려 하는 것입니다.

혹은 자녀를 지나치게 과잉보호하여 원하는 것은 무엇이든 다 들어주며 응석받이로 키운 경우, 유치원이나 학교에 가서 자기가 원하는 것을 그때마다 얻지 못할 때 다른 친구를 괴롭힘으로써 욕구를 해소하려는 경우도 있습니다.

어떤 경우든 아이의 상처와 왜곡된 욕구불만의 심리를 부모가 미처 발견하지 못한 결과라 할 수 있습니다.

내면의 분노가 폭력을 부른다

아이가 옳지 못한 행동을 한 것을 알게 되었다고 해서 아이에게 화부터 내지 않도록 주의해야 합니다. "친구를 때리면 안 된다고 했잖아! 왜 그랬어? 너 정말 못됐구나."와 같은 호통과 야단 대신, 아이가 화가 많이 나 있었음을 우선 인정하고 아이의 감정을 이해해주겠다는 태도를 취해야 합니다.

그런 다음 다른 친구를 때리거나 괴롭혀서는 절대 안 된다는 것을 가르쳐야 하는데, "그 친구의 기분은 어떨 것 같아?"와 같이 물어봄으로써 자신이 한 행동을 타인의 입장에서 생각해볼 수 있도록 대화를 유도합니다.

왜 다른 친구를 때렸는지를 물어보면 아이는 "그 친구가 내 장난감을 빼앗아갔어." "그 친구가 먼저 나를 놀렸어."와 같이 자기 나름대로 자신의 행동을 정당화할 여러 가지 이유들을 이야기할 것입니다. 그럴 때는 아이의 이야기를 끝까지 경청하되, "그래서 네가 화가 많이 났구나. 그런데 다음부터는 그 친구를 때리는 대신, '그 장난감 나도 같이 갖고 놀아도 될까?'라고 한 번 물어보는 것은 어떨까?"와 같이 구체적인 행동 대안을 제시해주는 것이 좋습니다.

이처럼 아이의 감정을 공감해주면서도 타인에 대한 폭력은 절대 용납할 수 없다는 것을 지속적으로 가르쳐줌과 동시에, 자신이 괴롭힌 상대방 친구에게 반드시 직접 사과를 하도록 지도해야 합니다.

[tip] 내 아이도 괴롭힘의 가해자일 수 있다

대부분의 부모들은 자신의 자녀가 다른 아이들을 괴롭혔거나 왕따 문제의 가해자일 수 있다는 것을 인정하지 못합니다. 눈에 넣어도 아프지 않은 내 아이가 설마 가해자일 리는 없다고 생각합니다. 그래서 다른 학부모나 학교 측으로부터 아이의 그릇된 행동에 대해 전해 듣더라도 그럴 리 없다며 일축하는 경우가 많습니다. '우리 애는 절대 그럴 아이가 아니다'라고 주장하며 오히려 피해자인 아이와 그 부모를 더 비난하기도 합니다.

아이에게도 '네가 그런 것 아니지? 넌 절대 안 그랬지? 넌 옆에서 구경만 한 거지?'라고 하며 부모가 듣고 싶은 것만 들으려 할 뿐 아이를 두둔하고 보호하기 위해 급급합니다. 나아가 '(괴롭힘을 당한) 그 아이에게 문제가 있다. 괴롭힘 당할 만한 짓을 했다'고 하며 피해자 부모를 공격해 더 큰 상처를 주기도 합니다.

무조건적인 두둔이 아이를 망친다

학교폭력 문제가 쉽사리 해결되기 어려운 이유는 이처럼 아이가 무슨 짓을 했건 과잉보호하고 감싸는 데 급급한 우리나라 부모들의 양육 태도 때문이기도 합니다. 하지만 여러 가지 정황과 증언을 통해 정말 내 아이가 다른 친구들을 괴롭힌 가해자임이 드러났다면, 아이를 감싸기만 하려는 것은 자녀의 미래를 망치는 길임을 알아야 합니다. 올바른 가치관을 가진 부모라면 오히려 교육의 기회로 삼으려 할 것입니다.

아이가 가해자였다는 것을 알게 되었다면 제일 먼저 피해자인 아이와 그 부모에게 정중히 사과하고 책임질 부분은 책임지는 태도를 보여야 합니다. 또한 "엄마, 아빠가 먼저 그 친구와 부모님에게 사과를 할 거야. 너도 가서 사과하고 다시는 그러지 않겠다고 약속하자."라는 말로 아이를 타일러 직접 사과하도록 하는 것이 좋습니다. 때로는 이런 단호하고 냉정한 태도가 아이의 앞날을 위해 더 교육적일 수 있습니다.

타인에 대한 공감능력을 키워야 한다

그리고 다른 사람에게 폭언과 폭행을 가하는 것은 절대 용납할 수 없다는 것을 잘 설명해주어 지속적으로 훈육해야 합니다. 단, 아이에게 호통을 치거나 체벌을 가하거나 고압적인 태도로 몰아세우는 것은 교육적 효과가 없음을 염두에 두어야 합니다.

"그 친구가 너로 인해 그런 일을 겪었다니 엄마, 아빠가 너무 마음이 아프다. 네가 그 친구에게 어떻게 했는지를 이야기해주겠니? 그래야 그 친구와 너를 어떻게 도울 수 있는지 방법을 찾을 수 있어. 네가 한 행동에 책임을 질 수 있도록 엄마, 아빠가 최선을 다해서 도와줄게."

이와 같이 대화의 물꼬를 트는 것입니다.

또한 왜 그 친구를 괴롭히고 싶었는지 아이의 이야기를 충분히 들어보되, '네가 그 친구로부터 같은 일을 당한다면 네 기분은 어떨 것 같아?'라고 물어봄으로써 아이가 다른 사람의 입장을 생각해볼 수 있도록 도와주어야 합니다. 이때 자녀가 피해자의 입장이 되어보는 역할극을 해본다면 타인의 입장에 공감하는 힘을 길러주는 데 도움이 됩니다.

평소 자녀를 억압하고 억누르는 양육태도, 그리고 자녀가 무슨 잘못을 하더라도 무조건 감싸기만 하려는 사고방식이 수정되지 않는 한 장차 아이는 더 큰 가해자가 될 수 있습니다. 가정에서 정기적인 대화 시간과 가족회의를 자주 열어 아이의 생활과 교우 관계에 관심을 갖고 경청하는 시간을 마련하는 것이 좋습니다.

(출처 - 학교 폭력 해결을 위한 교사와 전문가 모임인 '평화샘 모임'의 왕따 대처 매뉴얼에서 참조)

아이의 행복한 미래를 위해 부모는 무엇을 해야 할까요?

대한민국의 모든 부모님들 안녕하십니까?

도서출판 개미와 베짱이 입니다.

아이 키우기가 점점 힘든 세상이 되어가고 있다고 합니다. 아이를 훌륭하게 키우고자 하는 부모들의 간절함은 예나 지금이나 마찬가지이지만 아이들이 태어나면서부터 처하게 되는 환경과 사회가 너무나도 많이 달라졌기 때문입니다. 예전 같으면 성장하면서 자연스럽게 해결되었을 문제들이 해결되지 않은 채 아이의 마음을 다치게 하기도 하고 온갖 유해한 환경들이 아이의 신체와 정신을 공격하여 돌이킬 수 없는 장애를 초래하기도 합니다.

예전의 어른들은 아이는 원래 다치기도 하고 넘어지기도 하고 싸우기도 하면서 제 그릇대로 크게 마련이라고 말씀하셨습니다. 그러나 요즘의 사회는 부모가 자녀의 몸과 마음의 정상적이고 건강한 성장을 위해 적극적으로 관심을 기울이고 아픈 곳을 치료해주지 않으면 안 되는 환경이 되었습니다. 진정한 교육의 키워드는 부모의 사랑과 관심, 그리고 교육의 재미와 행복입니다. 얼핏 들으면 진부해 보일 수도 있는 이러한 키워드들은 사실은 우리가 그동안 간과하고 지나쳤던, 그러나 동서고금의 모든 자녀교육에서 절대로 놓쳐서는 안 되는 철학이기도 합니다.

부모의 강압이 아닌 자녀 스스로의 주체성을 살리고 뭔가를 억지로 주입하는 것이 아닌 생활 속에서 물 흐르듯 이루어지는 생생한 교육을 위해 부모들이 먼저 바뀌어야 한다는 것입니다. 부모의 생각이 조금만 바뀌어도 아이의 인성과 미래가 달라진다는 것을 알려주는 교육 지침서입니다.

아이의 미래를 걱정하는 부모님들에게 교육 브랜드 '개미와 베짱이' 의 책들이 조금이나마 도움이 되고자 합니다. 앞으로도 꾸준히 좋은 책으로 찾아뵙겠습니다.

과잉행동 어떻게 할까

씩씩하고 밝게 자라야 할 아이들의 심리와 행동에 대한 명쾌한 해답

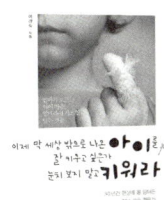

눈치보지 말고 키워라

엄마가 모르는 아이 마음 엄마라서 가르칠 수 있는 것들

과잉행동 어떻게 할까

1판 1쇄 인쇄 | 2014년 02월 20일
1판 2쇄 발행 | 2014년 04월 08일

지은이 | 김종석
발행인 | 이용길
발행처 | 개미와베짱이

관리 | 정윤
디자인 | 이룸

출판등록번호 | 제 396-2004-110호
등록일자 | 2004. 11. 9
등록된 곳 | 경기도 고양시 일산동구 호수로(백석동) 358-25 동문타워 2차 519호
대표 전화 | 0505-627-9784
팩스 | 031-902-5236
홈페이지 | http://www.moabooks.com
이메일 | moabooks@hanmail.net
ISBN | 978-89-92509-24-4 13590